Murat Alaboz

Identificação dinâmica e atualização modal da Igreja de San Torcato

Murat Alaboz

Identificação dinâmica e atualização modal da Igreja de San Torcato

ScienciaScripts

Imprint

Any brand names and product names mentioned in this book are subject to trademark, brand or patent protection and are trademarks or registered trademarks of their respective holders. The use of brand names, product names, common names, trade names, product descriptions etc. even without a particular marking in this work is in no way to be construed to mean that such names may be regarded as unrestricted in respect of trademark and brand protection legislation and could thus be used by anyone.

Cover image: www.ingimage.com

This book is a translation from the original published under ISBN 978-3-659-85244-2.

Publisher:
Sciencia Scripts
is a trademark of
Dodo Books Indian Ocean Ltd. and OmniScriptum S.R.L publishing group

120 High Road, East Finchley, London, N2 9ED, United Kingdom
Str. Armeneasca 28/1, office 1, Chisinau MD-2012, Republic of Moldova, Europe
Printed at: see last page
ISBN: 978-620-8-14773-0

Índice:

Capítulo 1

1. INTRODUÇÃO

As estruturas históricas que fazem parte do património cultural ocupam o seu lugar no mundo moderno, representando as experiências do passado e as abordagens técnicas e estéticas. Para além de estarem longe do nosso conhecimento técnico e da nossa compreensão, muitas delas conseguiram manter-se até aos nossos dias com as suas soluções práticas para problemas estruturais.

No entanto, o efeito abrasivo do tempo causa vários danos ou deficiências nas estruturas, desde acontecimentos naturais a danos de origem humana. A fim de manter a sua existência para as gerações seguintes, essas fontes de danos devem ser evitadas e qualquer intervenção necessária deve ser efectuada de acordo com as abordagens modernas de conservação.

No entanto, antes de qualquer intervenção numa estrutura, a identificação de todas as propriedades estruturais e fontes de danos tem uma importância significativa. Embora os métodos de análise de modelos numéricos permitam simular vários casos, não é fácil estimar ou assumir as propriedades estruturais. Para ultrapassar estas dificuldades, têm sido desenvolvidos muitos métodos não destrutivos, mas a informação dessas técnicas é bastante local ou insuficiente.

As técnicas experimentais de identificação dinâmica, que se baseiam nos registos de aceleração de uma estrutura, permitem obter as frequências naturais, as formas próprias e os coeficientes de amortecimento de uma estrutura. Estes dados representam a capacidade dinâmica global de uma estrutura em resultado das suas propriedades físicas que são desconhecidas ou difíceis de obter. Desta forma, a resposta real da estrutura sob excitações especificadas ou desconhecidas pode ser utilizada para modificar modelos estruturais com a ajuda de quaisquer resultados de ensaios que representem apenas propriedades locais.

1.1 Objectivos

O objetivo desta dissertação é efetuar uma análise de identificação modal da Igreja de S. Torcato e afinar um modelo de elementos finitos para posterior análise numérica. O trabalho inclui o trabalho de campo para a estimativa experimental dos parâmetros modais (frequências naturais, formas próprias e coeficientes de amortecimento) com equipamentos de ensaio dinâmico.

As propriedades dinâmicas estimadas da estrutura foram utilizadas para afinar um modelo de elementos finitos anterior. A avaliação do modelo numérico e a seleção dos parâmetros de atualização fazem parte do presente estudo. O objetivo principal do estudo consiste em identificar as deficiências e melhorar a eficiência do modelo numérico.

1.2 Linha de saída

Este estudo de tese é composto por seis capítulos. A introdução, Capítulo 1, fornece informações gerais sobre o esboço do estudo, conceitos de experiências dinâmicas e métodos de atualização modal. Os objectivos também são discutidos.

C capítulo 2 tem por objetivo   fornecer informações breves sobre os fundamentos da dinâmica e os ensaios dinâmicos experimentais. Na primeira secção do capítulo, são explicados os termos dinâmicos básicos e os problemas dinâmicos fundamentais em sistemas com um e vários graus de liberdade. Nas secções seguintes, são explicados a teoria da análise experimental, os equipamentos, os problemas comuns e os métodos de identificação dinâmica.

C capítulo 3 apresenta a Igreja de San Torcato com as suas propriedades históricas, arquitectónicas e estruturais e indica o estado atual da estrutura. Neste capítulo são destacados os danos causados à luz das investigações anteriores, de modo a constituir uma base para os capítulos seguintes.

C capítulo 4 dá informações sobre o trabalho de campo para a identificação dinâmica experimental. O procedimento de planeamento dos ensaios é apresentado em pormenor. Inclui-se a análise preliminar das configurações, a comparação de diferentes métodos de identificação e a estimativa das propriedades dinâmicas.

No Capítulo 5, a teoria da atualização modal e as ferramentas de comparação são abordadas como introdução. As secções seguintes apresentam a explicação do modelo numérico e das suas propriedades. Os efeitos das modificações paramétricas são discutidos e a atualização modal é efectuada utilizando algoritmos de modificação robustos.

O capítulo 6 contém as conclusões. Como resumo do estudo, são apresentadas as dificuldades encontradas durante o trabalho, a discussão dos resultados e as recomendações para estudos futuros.

Capítulo 2
2 TÉCNICAS EXPERIMENTAIS DE IDENTIFICAÇÃO DINÂMICA
2.1 Dinâmica básica
Os métodos de análise dinâmica estrutural têm como objetivo identificar a tensão e a resposta da estrutura sob cargas dinâmicas arbitrárias. A dinâmica de qualquer sistema pode ser definida como variável no tempo, uma vez que a direção, a magnitude e a posição das cargas variam com o tempo.

A resposta de qualquer sistema pode ser definida como determinística ou não-determinística. Se a variação temporal das forças dinâmicas que actuam no sistema for totalmente conhecida, então o sistema é definido como determinístico. No caso de o carregamento ser arbitrário, que é o caso real na maior parte do tempo, a variação temporal pode ser definida com abordagens estatísticas (Clough, 1995).

Nas partes seguintes, as propriedades dinâmicas dos sistemas e as fontes básicas da teoria dinâmica serão brevemente discutidas.

2.1.1   Sistemas com um único grau de liberdade
Quaisquer sistemas mecânicos ou estruturais expostos a fontes externas de excitação ou cargas dinâmicas respondem às cargas com as suas propriedades de resistência iniciais. Essas propriedades são definidas como a massa, a rigidez e a capacidade de dissipação de energia, o amortecimento.

Embora muitas estruturas de engenharia tenham vários graus de liberdade (DOF), a definição do comportamento dinâmico de um sistema com um único grau de liberdade é útil para compreender os sistemas com vários graus de liberdade. Os termos dinâmicos podem ser explicados através de uma demonstração típica de uma massa concentrada numa coluna sem massa (Figura 2.1).

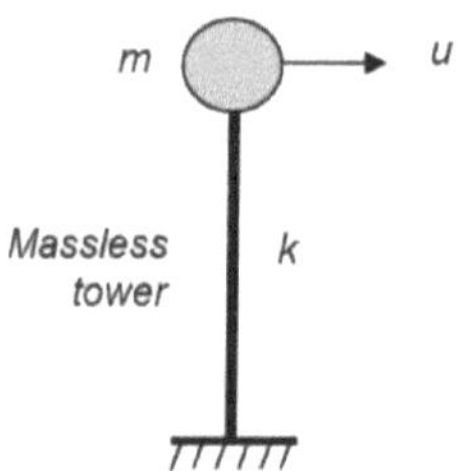

Figura 2.1 Estrutura SDOF

O sistema é definido por uma massa no topo ligada ao solo por uma coluna que tem uma rigidez especificada que se contrai com os movimentos da massa. Qualquer força que actue sobre a massa m provoca um deslocamento proporcional à rigidez do sistema k. Quando as forças se substituem, o sistema começa a oscilar numa frequência específica. Nas estruturas amortecidas, com o passar do tempo, a velocidade dos ciclos diminui até que a posição inicial da massa seja satisfeita. Nos sistemas amortecidos, a energia é dissipada por diferentes mecanismos, tais como a transformação da energia cinética em energia térmica, a formação de fendas ou o atrito entre elementos estruturais ou não estruturais (Chopra, 2001).

A resistência total do sistema sob excitação consiste na rigidez *k*, que é proporcional à magnitude do deslocamento, no fator de dissipação de energia, que é proporcional à velocidade do deslocamento, e na inércia da massa, que é proporcional à aceleração do deslocamento. Assim, o equilíbrio de todas as forças dá a equação do movimento (Eq. 2.1).

$$m\ddot{u} + c\dot{u} + ku = p(t) \qquad\qquad \textbf{Eq. 2.1}$$

em que *m é a* massa, *c* é o amortecimento, *k a* rigidez, *u* é o deslocamento e *p(t)* é a força que actua no sistema em função do tempo.

A equação de movimento pode ser resolvida através de quatro métodos diferentes. Um deles é o chamado método clássico que permite a solução analítica, o Integral de Duhamel no caso de impulso arbitrário, os métodos de Laplace ou da Transformada de Fourier para obter a resposta no domínio da frequência ou com métodos numéricos como o Método de Newmar.

A solução analítica pode ser derivada da teoria das vibrações livres. Se o sistema for perturbado a partir da sua posição de equilíbrio estático, conferindo à massa algum deslocamento e libertando-a, a força atuante é então igual a zero. Quando o sistema é libertado, em sistemas sem amortecimento, oscila numa frequência específica (Figura 2.2). A equação do movimento (Eq. 2.2) pode ser resolvida por (Eq. 2.3)

$$m\ddot{u} + ku = 0 \qquad\qquad \textbf{Eq. 2.2}$$

$$u(t) = A\cos\omega_n t + B\sin\omega_n t \qquad\qquad \textbf{Eq. 2.3}$$

Obtém-se então w_n , que dá a frequência circular natural do sistema em rad/s.

$$w_n = \sqrt{\frac{k}{m}} \quad \text{[rad/s]} \qquad\qquad \textbf{Eq. 2.4}$$

A frequência natural linear f_n e o período *T* podem ser obtidos facilmente (Eq. 2.5), como ;

a) $f_n = \frac{1}{T} = \frac{w_n}{2\pi}$ [Hz] , b) $T = \frac{2\pi}{w_n}$ [sec] $\qquad$ **Eq. 2.5**

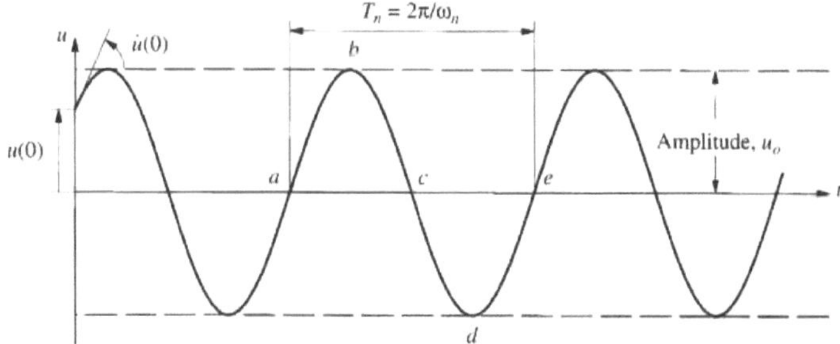

Figura 2.2 : Gráfico do historial de resposta de um sistema de vibração livre (Chopra, 2001)

Quando o amortecimento é visível, como em todos os casos reais, diferenciando a equação do movimento (Eq. 2.6), é possível obter;

$$m\ddot{u} + c\dot{u} + ku = 0 \qquad \text{Eq. 2.6}$$

$$u = e^{-\xi w_n t}\left[u_0 \cos \omega_D t + \frac{\dot{u}_0 + u_0 \xi \omega_n}{\omega_D}\sin \omega_D t\right] \qquad \text{Eq. 2.7}$$

Em que f é o rácio de amortecimento e M_D a frequência amortecida dada por;

$$\xi = \frac{c}{c_{cr}} \qquad \text{Eq. 2.8}$$

e;

$$\omega_D = \omega_n\sqrt{1 - \xi^2} \qquad \text{Eq. 2.9}$$

Quando um impulso arbitrário *p(t)* actua sobre o sistema, então, resolvendo a equação diferencial de segunda ordem integral de Duhamel, a resposta é derivada como;

$$q(t) = \frac{1}{m\omega_D}\int_0^t p(\tau)e^{-\xi\omega_n(t-\tau)}\sin[\omega_D(t-\tau)]d\tau \qquad , t > \tau \quad \text{Eq. 2.10}$$

em que τ é o instante de referência.

Outra forma de calcular a resposta de um sistema pode ser realizada no domínio da frequência por meio da Transformação de Fourier. A definição de Transformação de Fourier *X* para a função %(t) é;

$$X(\omega) = \int_{-\infty}^{+\infty} x(t)e^{-j\omega t} \qquad \text{Eq. 2.11}$$

Se a Transformação de Fourier for aplicada em ambos os lados da equação de movimento, então lê-se;

$$-m\omega^2 Q(\omega) + cj\omega Q(\omega) + kQ(\omega) = P(\omega) \qquad \text{Eq. 2.12}$$

Resolvendo a equação em relação a Q(w), verifica-se que a resposta da estrutura é proporcional à função complexa *H(aP>*, designada por Função de Resposta em Frequência (FRF).

$$Q(\omega) = \frac{P(w)}{-m\omega^2 + cj\omega + k} = H(\omega)P(\omega) \qquad \text{Eq. 2.13}$$

A principal vantagem do domínio da frequência é permitir a avaliação da resposta em correlação com a excitação. Este facto constitui a base das teorias de análise sísmica e de identificação dinâmica experimental.

2.1.2 Sistemas com vários graus de liberdade

Como foi discutido anteriormente, muitas vezes os sistemas com vários graus de liberdade podem ser resolvidos como sistemas com um único grau de liberdade através de simplificações. Como no exemplo dado (Figura 2.3), a massa total de um piso é concentrada num ponto de massa concentrado e os movimentos possíveis do ponto (DOF) são descritos numa direção em que, na realidade, é possível a rotação e a transformação longitudinal do ponto.

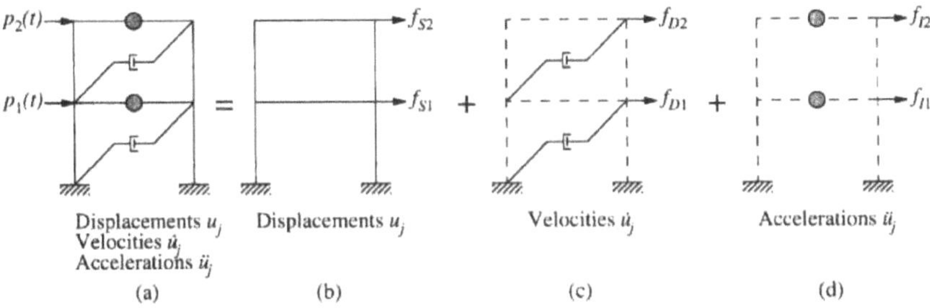

Figura 2.3 : Definição do sistema em equilíbrio e dos seus componentes (Chopra, 2001).

No entanto, os sistemas de m graus de liberdade podem ser resolvidos com a equação do movimento.

$$M\ddot{q}(t) + C_2\dot{q}(t) + Kq(t) = p(t)$$

Eq. 2.14

Nessa equação, *M, C2* e *K* representam as matrizes *nxn* de massa, amortecimento e rigidez. Para a solução da equação, pode ser utilizada a transformação de Fourier. No entanto, a solução do problema requer a inversa da matriz complexa *nxn* para cada frequência. Em vez disso, é preferível a abordagem modal, que se baseia na solução de valores próprios. Quando o amortecimento é negligenciado, a solução é dada por,

$$q(t) = \varphi_i e^{\lambda_i t}$$

Eq. 2.15

em que cp, são os vectores próprios reais (/=1,...,m) e são os valores próprios. Para sistemas de vibração livre, a equação lê-se substituindo q(t),

$$[K - (-\lambda^2)M]\varphi_i = 0 \qquad V \quad K\phi = M\phi\Lambda$$

Eq. 2.16

As propriedades de ortogonalidade da matriz de forma modal permitem normalizar as matrizes;

2.2 Análise Modal Experimental

$$\phi_m^T M \phi_m = I \qquad \phi_m^T K \phi_m = \Lambda^2$$

Eq. 2.17

Ao adicionar propriedades de amortecimento e transformação de coordenadas, a equação de movimento torna-se;

$$I\ddot{q}_m(t) + \Gamma\dot{q}_m(t) + \Lambda^2 q_m(t) = \begin{bmatrix} \ddots & & \\ & \dfrac{1}{m_i} & \\ & & \ddots \end{bmatrix} \phi^T p(t)$$

Eq. 2.18

em que I é a massa modal, Γ é o amortecimento modal e Π^2 é a rigidez modal.

Após a obtenção da equação na forma semelhante à de um sistema de grau de liberdade único, pode ser utilizada a transformação de Fourier. Os termos diagonais da FRF podem ser formados da forma indicada;

$$H_{(i,k)}(\omega) = \sum_{j=1}^{n} \frac{\phi_{i,j}\phi_{k,j}}{(\omega_n^2-\omega^2)+i(2\xi_n\omega_n\omega)}, \quad i \wedge k=1,....,m$$

Eq. 2.19

Tendo em conta os critérios modernos de conservação que exigem uma intervenção mínima e a preservação das técnicas de construção, a compreensão de qualquer fenómeno de dano ou a avaliação da vulnerabilidade sísmica têm uma importância significativa. Para este efeito, a identificação de uma estrutura ou modelo matemático deve representar as propriedades e condições existentes. Relativamente a este ponto, estão a ser utilizadas diferentes técnicas de inspeção não destrutiva que fornecem informações locais para a estimativa das propriedades globais. No entanto, o comportamento sísmico de uma estrutura ou qualquer possível ocorrência de danos causados por sismos depende das propriedades dinâmicas globais.

O comportamento dinâmico das estruturas é definido pelas propriedades mecânicas dos materiais, pela geometria da estrutura e pelas suas capacidades de dissipação de energia. Quando estas variáveis são conhecidas, a resposta sísmica de uma estrutura pode ser analisada para diferentes excitações sísmicas. Estas variáveis são controláveis em processos de projeto com muitos coeficientes de segurança. No caso da análise de estruturas históricas para avaliar a sua segurança, essas variáveis são difíceis de estimar, mesmo com a ajuda de ensaios estruturais destrutivos ou não destrutivos.

As técnicas experimentais de identificação dinâmica, que se baseiam principalmente nos registos de aceleração de uma estrutura, permitem obter frequências naturais, formas próprias e coeficientes de amortecimento. Estes dados representam a resposta global de uma estrutura em resultado das suas propriedades físicas que são desconhecidas ou difíceis de obter. Desta forma, a resposta real da estrutura pode ser utilizada para otimizar quaisquer resultados de ensaios que representem apenas propriedades locais e para modificar modelos estruturais.

Os ensaios modais baseiam-se principalmente na observação da resposta de uma estrutura sob qualquer excitação. A resposta da estrutura é geralmente observada no domínio da frequência, enquanto a medida registada pode variar como aceleração, velocidade ou deslocamento. Para obter a função de resposta em frequência como objetivo, vários equipamentos têm de ser utilizados corretamente devido à fonte de excitação ou ao resultado físico medido.

Se se quiser medir a fonte de excitação, é necessário um mecanismo de excitação controlado. Além disso, para poder captar a resposta da estrutura em qualquer medida física, devem ser utilizados equipamentos especiais, geralmente designados por sensores ou transdutores. Para o processamento dos dados recolhidos, é necessário um conversor digital, um condicionamento do sinal e, por fim, um software de processamento do sinal. Todo este processo é designado por aquisição de dados. Os componentes de qualquer sistema de aquisição de dados (DAQ) podem ser ordenados da forma indicada na Figura 2.4.

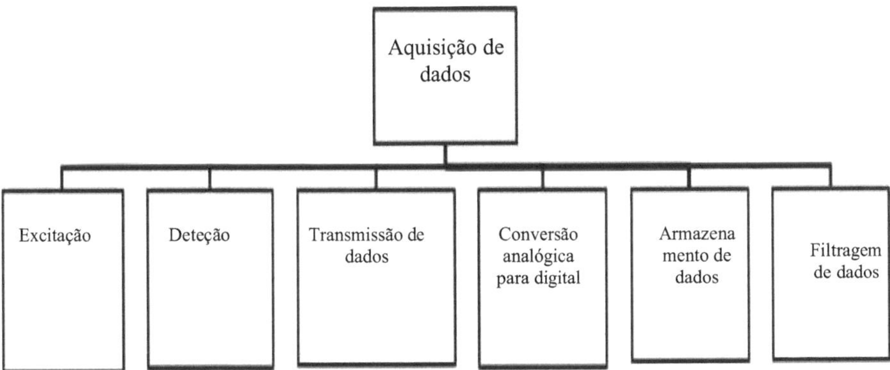

Figura 2.4: Corpo do sistema de aquisição de dados e seus componentes

2.2.1 Mecanismos de excitação

Os mecanismos de excitação são preferidos quando a resposta da estrutura não é suficiente sob vibrações ambientais. Nesse caso, podem ser utilizados mecanismos de excitação controlada. Os mecanismos de excitação mais frequentemente utilizados são os agitadores, os sistemas de pesos suspensos e os martelos de impacto.

Os agitadores permitem ao utilizador controlar tanto a frequência como a força. No entanto, a sua utilização exige a interrupção do funcionamento da estrutura durante a experiência. Além disso, a configuração do sistema é bastante dispendiosa e morosa.

Enquanto os agitadores são utilizados para estruturas de grande escala, como pontes e barragens, os martelos de impacto podem dar resultados suficientes para estruturas leves. Com o martelo de impacto, é possível excitar a estrutura com uma energia de impacto espetral diferente, alterando o peso da cabeça, a velocidade de impacto e mudando as pontas com diferentes resistências (ver Figura 2.5) (Ramos, 2007).

Figura 2.5: a) Sistema de pesos de queda e b) martelo de impacto

Os sistemas de queda de peso são vantajosos pela possibilidade de controlar o conteúdo de frequência do impacto, alterando as propriedades de amortecimento e aplicando maior energia à estrutura em comparação com o ensaio de martelo de impacto (Figura 2.5) (Ramos, 2007).

2.2.2   Sensores

Para efeitos de identificação de sistemas dinâmicos, o movimento da estrutura tem de ser captado em tempo discreto. O movimento de qualquer sistema pode ser obtido a partir da aceleração ou da velocidade, bem como da medição do deslocamento. No entanto, devido a limitações práticas, as medições de aceleração são as preferidas para a identificação dinâmica e os sistemas de monitorização.

Ao escolher os acelerómetros para uma experiência, devem ser consideradas as variáveis abaixo indicadas;

- Tipos de dados a adquirir
- Tipos, número e localização dos sensores
- Largura de banda, sensibilidade (gama dinâmica)
- Sistema de aquisição/transmissão/armazenamento de dados
- Requisitos de energia (captação de energia)
- Intervalos de amostragem
- Requisitos de processador/memória
- Fonte de excitação (deteção ativa)

Como já foi referido, devido ao conteúdo de alta frequência das estruturas, as medições de aceleração são preferíveis às medições de velocidade ou deslocamento. Além disso, a necessidade de utilizar um ponto de base como referência para as medições de deslocamentos, torna as medições baseadas em deslocamentos quase impossíveis (Ramos, 2007).

2.2.2.1   Acelerómetro Piezoelétrico

O acelerómetro piezoelétrico é composto por um sistema massa-mola-amortecedor e produz sinais proporcionais à aceleração da massa numa banda de frequência abaixo da sua frequência de ressonância (Figura 2.6). Estes tipos de acelerómetros requerem condicionamento antes de se iniciar o registo.

Os transdutores piezoeléctricos são vantajosos pelo seu tamanho, por não utilizarem fonte de energia externa, por terem uma boa relação sinal-ruído e por serem lineares numa vasta gama de frequências. No entanto, com exceção de alguns tipos, a maioria dos acelerómetros piezoeléctricos não são capazes de captar baixas frequências próximas de zero - como acontece em estruturas muito flexíveis - (Ramos, 2007).

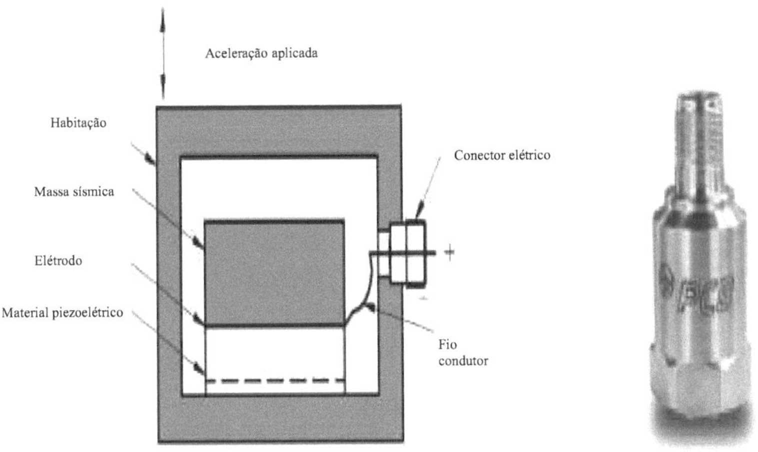

Figura 2.6: Acelerómetro Piezoelétrico (Ramos, 2007)

2.2.2.   2Acelerómetro piezoresistivo

Os acelerómetros piezoresistivos são constituídos por uma placa que é mantida por molas (Figura 2.7). A principal vantagem deste tipo de acelerómetro é a captação de sinais uniformes que não podem ser captados por acelerómetros piezoeléctricos. As suas desvantagens são citadas como a necessidade de uma fonte de alimentação externa, tamanho maior e largura de banda limitada com um máximo de 1000 Hz.

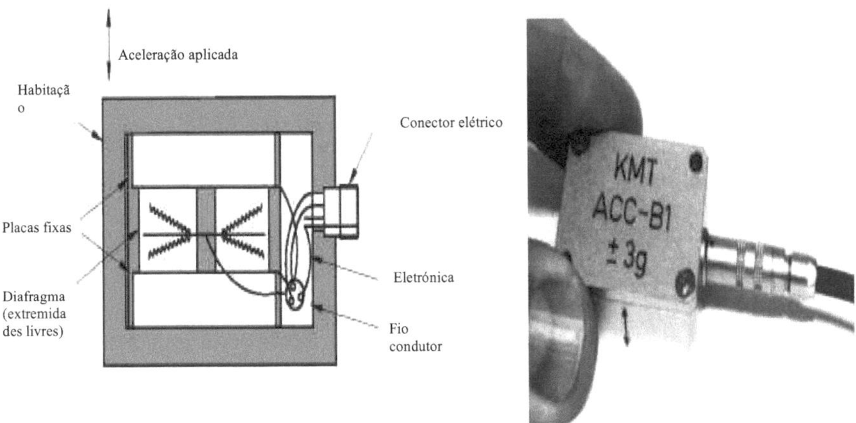

Figura 2.7 : Acelerómetro piezoresistivo (Ramos, 2007).

2.2.2.3   Acelerómetro piezoresistivo

Os acelerómetros de equilíbrio de forças são acelerómetros passivos, tal como os acelerómetros capacitivos, e produzem sinais proporcionais à massa que é fixada através de quatro vigas de suspensão. A massa está localizada entre duas placas capacitivas e quando se desloca, as placas forçam a massa a voltar à posição inicial (Figura 2.8). A aceleração é obtida através da tensão diferencial necessária para a força. Os transdutores de balanço de forças são altamente sensíveis e robustos. A gama dinâmica dos acelerómetros pode ser configurada para uma gama dinâmica igual a ±0,5, ±1, ±2 e ±4 g e uma gama de frequências de DC a 100 Hz com uma resolução máxima de 1 pg (Ramos, 2007).

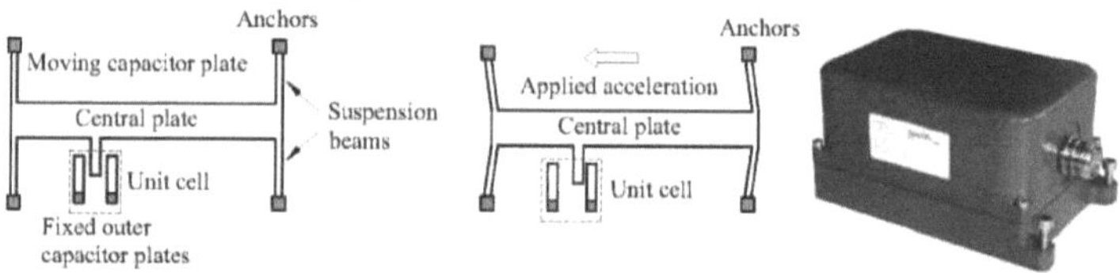

Figura 2.8 : Acelerómetro de equilíbrio de forças (Ramos, 2007)

2.2.3 Dispositivo de aquisição de dados

Os dispositivos de aquisição de dados podem ser definidos como um dispositivo que converte os dados analógicos em dados digitais em intervalos de tempo discretos. Por vezes, é necessário condicionar o sinal antes de processar os dados. Os problemas mais comuns podem ser enunciados da seguinte forma:

- Baixo nível de excitação dos dados registados. Tem de ser amplificado para aumentar a resolução e reduzir o ruído. É possível obter uma precisão elevada configurando o sistema de aquisição de dados de modo a que a gama máxima de tensão do sinal condicionado seja igual à gama máxima de entrada do conversor analógico digital (ADC).

- Os sinais são transferidos com alta tensão. Assim, a transição deve ser isolada de alterações de tensão, como potenciais de terra ou quaisquer fontes de tensão.

- Os sinais não desejados que podem conter frequências elevadas devem ser filtrados. Neste caso, os filtros anti-aliasing removem todos os componentes de frequência que são superiores à largura de banda de entrada.

- Se o tipo de transdutor for passivo, o DAQ fornece a tensão externa.

- O sistema DAQ é responsável pela linearização de qualquer resposta não linear do transdutor durante as medições.

2.2.4 Funções comuns de condicionamento de sinal

2.2.4.1 Aliasing

Devido ao facto de as medições da aceleração serem efectuadas em tempo discreto, a taxa de amostragem tem uma importância significativa para poder captar as frequências pretendidas. No caso de se utilizar uma taxa de amostragem inferior à da frequência real, a previsão do sinal apresentará um conteúdo de frequência inferior diferente que pode corresponder aos pontos medidos (Figura 2.9).

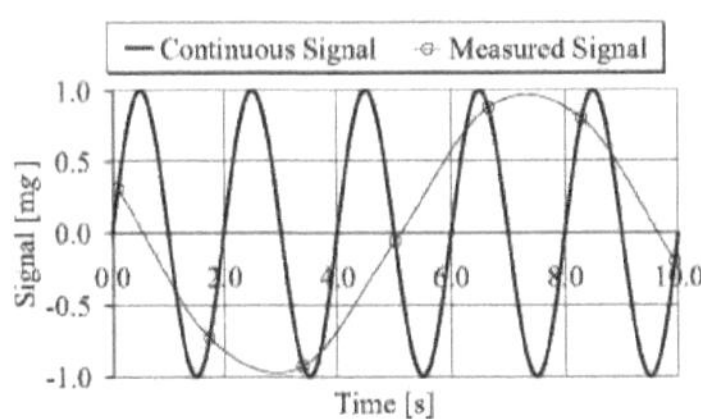
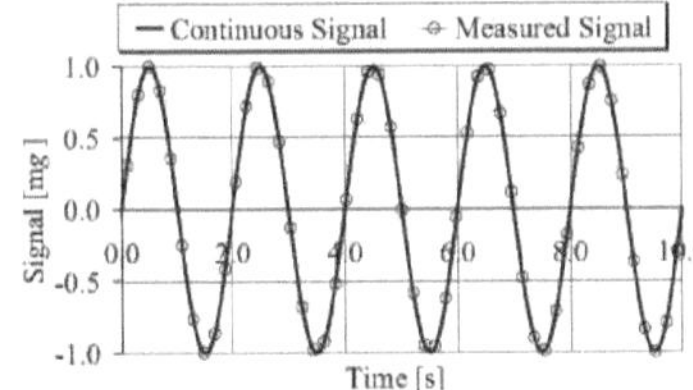

Figura 2.9: Gráfico tempo-aceleração do mesmo sinal medido com diferentes taxas de amostragem
(Ramos, 2007)

Para evitar o problema de aliasing, deve ser utilizado um filtro passa-baixo com a frequência de Nyquist. A frequência de Nyquist deve ser considerada como duas vezes ou ligeiramente superior à frequência máxima esperada de interesse (Eq. 2.20). No entanto, o próprio sistema ADC tem uma resolução limitada quando os dados analógicos estão a ser transformados em dados digitais.

2.2.4.2 Fugas

Embora seja possível definir um sinal periódico através de séries temporais infinitas, as medições experimentais são registadas em séries temporais discretas. As séries discretas podem ser facilmente obtidas através da Transformada Rápida de Fourier. No entanto, a transformação de séries infinitas no domínio da frequência traz o problema de fuga se o tempo de medição não for um múltiplo inteiro do período do sinal. Se a duração da amostragem não for um número inteiro do período desejado, o sinal pode ser interpretado como uma composição de diferentes conteúdos de frequência (Figura 2.10).

$$f_s = \frac{1}{\Delta f} \geq 2 \times f_{Nyq} \qquad \Longleftrightarrow \qquad fs \geq 2 \times f_{max} \qquad \textbf{Eq. 2.20}$$

Figura 2.10 : Devido ao tempo de amostragem, a estimativa do conteúdo de frequência do mesmo
sinal é diferente
(Ramos, 2007)

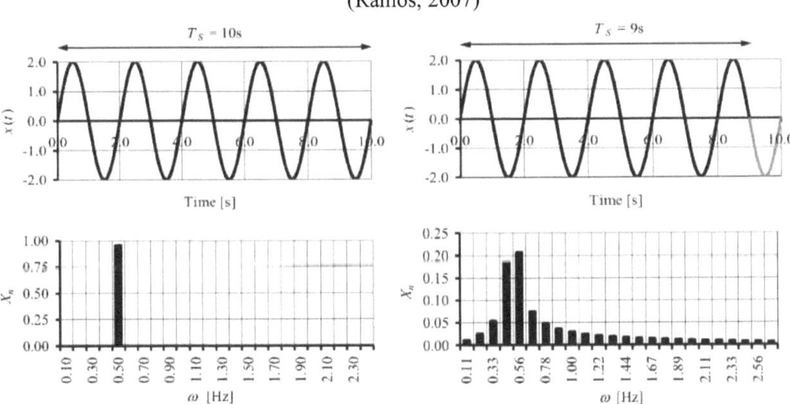

Normalmente, o aumento da duração da amostragem pode evitar o problema das fugas. Além disso, são ainda aplicáveis vários métodos de janelamento que transformam o sinal através da introdução de uma função.

2.2.4.3 Janelamento

O termo windowing refere-se à utilização de uma função que multiplica o sinal existente para obter um espetro melhorado. As funções são definidas em função do tempo de acordo com o tipo de sinal analisado. Para sinais estacionários, podem ser utilizadas funções de janela Hanning ou cosinetaper. Para sinais transientes, o janelamento exponencial pode dar melhores resultados. Para sinais aleatórios, que são o caso dos registos de vibração ambiente, a função de janela de Hanning é de uso comum (Eq. 2.21) (ver Figura 2.11 e Figura 2.12).

$$w(t) = \begin{cases} \dfrac{1}{2}\left[1 + \cos\left(\dfrac{2\pi t}{T}\right)\right], & |t| \le \dfrac{T}{2} \\ 0, & |t| \le \dfrac{T}{2} \end{cases} \qquad \textbf{Eq. 2.21}$$

Figura 2.12: a) Histórico temporal modificado dos dados b) Resposta em frequência melhorada

2.2.4.4 Filtros

À semelhança das funções de janelamento que são aplicáveis aos dados no domínio do tempo, as funções de filtragem modificam os sinais do espetro. De acordo com o objetivo, podem ser utilizados diferentes tipos de filtros, tais como filtros passa-baixo, passa-alto e filtros de banda limitada, que filtram as frequências nos dados processados.

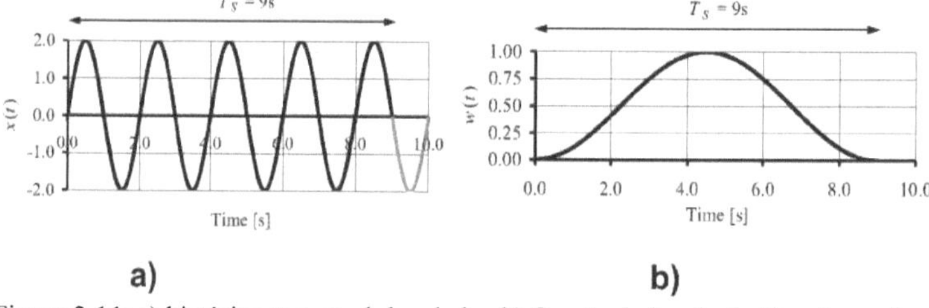

Figura 2.11: a) histórico temporal dos dados b) função de janela de Hannig no domínio do tempo

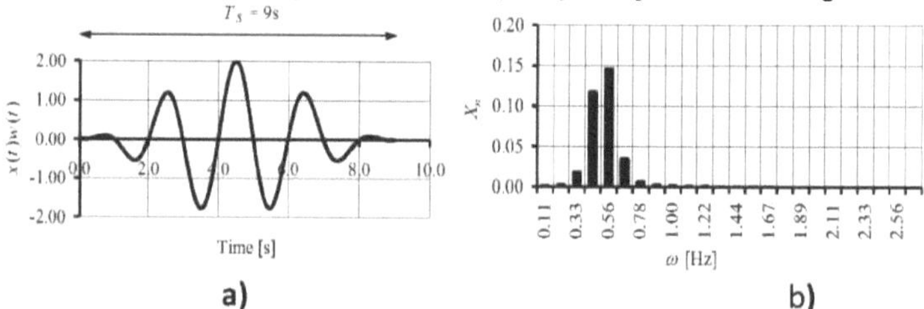

2.2.4.5 Decimação

A dizimação é o processo de redução do número de registos sem perda de informação. Baseia-se em saltar de um ponto para o outro, mantendo a curva do sinal constante. Desta forma, enquanto o conteúdo de frequência se mantém constante, o processamento dos registos é mais rápido. Para evitar o problema de aliasing, aconselha-se a aplicação de um filtro passa-baixo com uma frequência de corte de cerca de 40% da nova frequência de amostragem.

2.2.4.6 Método Welch

O método de Welch é preferido para sistemas excitados aleatoriamente. Métodos baseados no cálculo da média das transformações FFT, de modo a obter uma curva suave. No entanto, os segmentos de tempo usados para o método causam diminuição da resolução quando a FFT é aplicada. Para alterar este problema, utilizam-se segmentos de tempo sobrepostos com rácios de 2/3 ou 1/2 associados à utilização da janela de Hanning.

2.3 Medições no local

As medições no local comprometem diferentes fases que abrangem o planeamento prévio, o controlo de algumas variáveis e eventuais modificações durante os ensaios. A qualidade e o nível de confiança das medições no local têm um grande efeito no processamento posterior do sinal. Assim, as medições no local devem ser efectuadas com grande cuidado. As fases das medições no local e a fonte de erros serão discutidas brevemente nas secções seguintes.

2.3.1 Planeamento de testes

O planeamento dos ensaios de qualquer identificação experimental tem uma importância significativa para decidir os tipos de sensores, a quantidade de sensores que serão utilizados na experiência e os DOF a medir.

Como primeiro passo, é necessária a construção de um modelo numérico para estimar a gama de frequências e as formas próprias da estrutura, o que dará uma ideia dos possíveis pontos de medição. É aconselhável efetuar ensaios mecânicos que forneçam pressupostos fiáveis para os parâmetros do modelo.

A segunda fase compromete-se a escolher os DOF's a serem medidos. Embora seja necessário medir todos os DOF's que são perturbados dentro das formas próprias interessadas, na maioria das vezes a quantidade de acelerómetros não é suficiente. Assim, pode ser necessário efetuar várias medições - designadas por setups -. Nestes casos, para correlacionar as medições sucessivas entre si, devem ser definidos pontos de referência. Mantendo pelo menos um acelerómetro estável no seu lugar como referência, os outros acelerómetros podem ser movidos livremente. Os pontos de referência devem situar-se em pontos que apresentem um movimento significativo em todas as formas próprias de interesse (ver Figura 2.13). Caso contrário, podem ocorrer erros de estimativa.

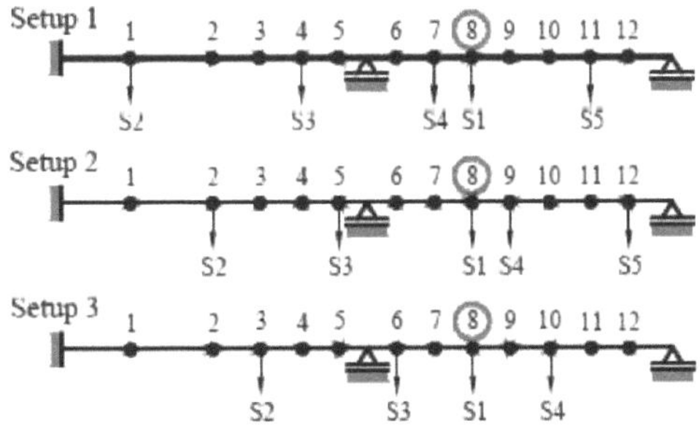

Figura 2.13: Exemplos de configurações para um ensaio de viga. 12 pontos a serem medidos com 5 acelerómetros (Ramos, 2007)

No início das medições, a resposta de todos os acelerómetros deve ser verificada para evitar medições incorrectas. A medição localizada e os processos de sinais dão uma ideia da relação sinal/ruído, do nível de excitação e das frequências de ressonância. O processamento do sinal pode ser aplicado traçando os espectros de potência dos pontos medidos. As medições primárias podem ser efectuadas em pontos de referência que servirão de base para todas as configurações. Em caso de baixa excitação ou de respostas localmente baixas/extraordinariamente altas, os pontos de referência ou qualquer DOF podem ser alterados durante o ensaio. Dependendo das respostas, pode ser necessária a alteração dos tipos de transdutores ou mesmo a utilização de fontes de excitação externas.

Depois de configurar o sistema, outra questão importante é decidir a taxa de amostragem e a duração da amostragem das medições. A taxa de amostragem das medições afecta a estimativa das frequências. A decisão da taxa de frequência de amostragem baseia-se no teorema da frequência de Nquist, que é definida como duas vezes superior à frequência esperada. Para captar uma frequência, a taxa de amostragem deve ser, pelo menos, igual à frequência de Nyquist.

A duração da amostragem é outra variável importante na identificação experimental. Para obter uma boa resolução, deve ser registado um grande número de pontos. Na literatura encontram-se algumas abordagens empíricas diferentes. De acordo com Rodrigues (Rodrigues, 2001), a duração da amostragem deve ser 2000 vezes superior ao período natural mais elevado previsto, ou seja, a frequência mais baixa. Por exemplo, uma estrutura que tenha uma frequência natural de 2 Hz deve ser medida durante cerca de 17 minutos. Para estruturas mais flexíveis, Caetano (ref) recomenda o registo durante 30 a 40 vezes mais do que o período mais elevado.

Outro critério para a duração da amostragem é o erro de variância. No pré-processamento do sinal, o número de médias deve ser igual a 100 para ter 10% de erro de variância. Para um registo com resolução de 0,1 Hz, cada segmento de registo deve ter 10 segundos e 100 médias, o que é quase igual a 17 minutos. De acordo com Ramos (Ramos, 2007), 1000 vezes mais do que o período mais alto deve ser suficiente para obter bons resultados se a estrutura estiver bem excitada.

Após cada configuração, as medições devem ser verificadas através do controlo de cada canal. O gráfico de tempo-aceleração e, essencialmente, os espectros de potência de cada canal darão uma ideia sobre a qualidade dos dados medidos. Uma comparação aproximada da primeira frequência estimada com o modelo numérico pode dar confiança às medições. No entanto, aconselha-se a recolha de mais do que um registo de dados de cada configuração, tendo em conta o tempo de condicionamento dos equipamentos e para captar a resposta com um melhor nível de excitação ambiente.

Após a recolha de dados, devem ser utilizados diferentes processos de dados para comparar os resultados e ter confiança nos parâmetros estimados (Ramos, 2007).

2.4 Métodos de identificação

[nd]No domínio da análise modal experimental, foram desenvolvidas muitas abordagens diferentes na segunda metade do século passado. Estas abordagens podem ser classificadas de acordo com a fonte de excitação, o tipo de dados medidos, os

parâmetros e o domínio em que os parâmetros modais serão estimados.

No âmbito desta tese, serão abordados sobretudo métodos de estimação de parâmetros modais. Os métodos de estimação modal podem ser divididos em dois grupos, de acordo com os seus domínios.

* Domínio do tempo
* Domínio da frequência

2.4.1 Decomposição no domínio da frequência

O método da função de resposta em frequência é uma das técnicas mais comuns utilizadas na análise modal. Neste método, as funções de resposta em frequência são medidas num ponto ou em vários pontos. Embora existam alguns métodos de domínio da frequência que são diferentes em pormenor, utilizam o mesmo pressuposto básico de que, na vizinhança de uma frequência ressonante, a resposta é dominada pelas frequências naturais ressonantes (Ewins, 1984).

O método de decomposição no domínio da frequência (FDD) permite-nos estimar os parâmetros modais mesmo no caso de forte contaminação dos sinais por ruído. Embora os modos bem separados possam ser estimados utilizando a Matriz Espectral de Potência no pico, no caso de modos próximos, pode ser difícil estimar os modos. Além disso, as estimativas dos modos dependem da resolução em frequência da função de densidade espetral e a estimativa do amortecimento é incerta na técnica clássica (Brincker, 2000).

O método é preferido pela sua facilidade de utilização e rapidez de processamento. Trabalhar diretamente com a função de densidade espetral é a principal vantagem do método, que permite ao utilizador interpretar o gráfico de uma forma estrutural.

A relação entre as entradas desconhecidas e as respostas medidas pode ser expressa na fórmula escalonada com a Função de Resposta em Frequência (FRF);

$$G_{yy}(j\omega) = \bar{H}(j\omega)G_{xx}(j\omega)H(j\omega)^T$$

Eq. 2.22

Nesta fórmula, G_{xx} *(JM)* é a matriz de Densidade Espectral de Potência (PSD) r x r da entrada, r é o número de entradas, G_{yy} *(ja))* é a matriz PSD m x m das respostas, m é o número de respostas, $H(JM)$ é a matriz FRF (Brincker, 2000).

Na decomposição no domínio da frequência, a matriz de densidade espetral de potência é estimada através da decomposição do valor singular (SVD).

$$\hat{G}_{yy}(j\omega i) = U_i S_i U_i^H$$

Eq. 2.23

Onde a matriz $U_i = [u_{i1}, u_{i2}, ..., u_{im}]$ é uma matriz unitária com singular e S_i é uma matriz diagonal que contém os valores escalares. É possível extrair os valores da frequência natural e do amortecimento da função de densidade SDOF obtida em torno do pico da função PSD (Brincker, 2000).

Para facilitar a interpretação dos resultados, podem ser calculados os valores de coerência entre cada DOF. Os valores de coerência escalar variam entre zero e um, o que pode ser interpretado como a linearidade de dois sinais medidos no domínio da frequência. Quando o valor da coerência é próximo de um, a relação entre os sinais é forte. Para além disso, as frequências locais ou as frequências de vibração ambiente não podem ser representadas devido a valores de coerência baixos.

$$\gamma_{i,j}^2(\omega) = \frac{\left|\hat{S}_{y(i,j)}(\omega)\right|^2}{\hat{S}_{y(i,i)}(\omega)\,\hat{S}_{y(j,j)}(\omega)} \qquad \text{Eq. 2.24}$$

2.4.2 Método FDD melhorado

O método FDD clássico foi melhorado por Brincker et al. (Rodrigues, 2001), sendo designado por método FDD melhorado. Este método baseia-se na aplicação da transformação inversa de Fourier às funções de densidade espetral de cada modo. Ao transformar as frequências modais em gráficos no domínio do tempo, a resposta obtida é semelhante à função de resposta de um sistema com um único grau de liberdade em vibração livre. Assim, a estimativa do coeficiente de amortecimento torna-se possível e a intersecção da função com o eixo zero dá a frequência do sistema (Rodrigues,2001).

2.4.3 Identificação estocástica do subespaço

Quando uma estrutura é excitada por uma excitação aleatória, não é possível construir uma função contínua no tempo para identificar a resposta da estrutura. Mesmo que as medições de aceleração tenham de ser efectuadas em instantes de tempo discretos, a solução da resposta deve ser resolvida numericamente em tempo discreto. Para este efeito, a avaliação dos dados em tempo discreto requer a construção de uma função de estado (Peeters, 2001).

Embora a equação do movimento possa representar o comportamento dinâmico de uma estrutura vibratória, esta equação não é adequada para a análise modal operacional. Enquanto a equação do movimento (Eq. 2.25) descreve os fenómenos em tempo contínuo, as medições só podem ser efectuadas em tempo discreto. No entanto, as medições não podem ser efectuadas em todos os DOF's de uma estrutura e a excitação não é controlável, no caso de excitação sonora (vibração ambiente) (Peeters, 2001).

$$M\ddot{U}(t) + C\dot{U}(t) + KU(t) = F(t) = B_2 u(t) \qquad \text{Eq. 2.25}$$

Assim, a equação de estado é utilizada para converter a fórmula da equação de movimento numa forma adequada, em que %(t) é o vetor de estado, A_c é a matriz de estado e B_c é a matriz de entrada:
Na prática, devido à quantidade limitada de medições DOF, é necessária uma equação de observação, em que C_x é a matriz de saída e D_u é a matriz de transmissão direta.

$$x(t) = \begin{pmatrix} U(t) \\ \dot{U}(t) \end{pmatrix}, \qquad A_c = \begin{pmatrix} 0 & I_{n2} \\ -M^{-1}K & -M^{-1}C_2 \end{pmatrix}, \qquad B_c = \begin{pmatrix} 0 \\ M^{-1}B_2 \end{pmatrix}$$

$$\dot{x}(t) = A_c x(t) + B_c u(t) \qquad \text{Eq. 2.26}$$

Para poder ajustar uma solução numérica onde não existe uma solução analítica, o modelo deve ser estudado em séries temporais discretas. A teoria baseia-se em que, entre cada período de amostragem, o vetor de excitação u(t) é constante e, em seguida, resolvendo as matrizes $A,\ B,\ C$ e D (matrizes de estado, de entrada, de saída e de transmissão direta), respetivamente, é possível obter a curva de ajuste.

$$x_{k+1} = Ax_k + Bu_k \qquad\qquad \text{Eq. 2.28}$$

$$y_k = Cx_k + Du_k \qquad\qquad \text{Eq. 2.29}$$

$$y(t) = C_x(t) + D_u(t) \qquad\qquad \text{Eq. 2.27}$$

$$A = e^{A_c \Delta t}, \quad B = \int_0^{\Delta t} e^{A_c \tau} d\tau, \quad B_c = (A - I)A_c^{-1}B_c, \quad C = C_c, \quad D = D_c$$

Durante as experiências, os sinais são perturbados por problemas de transmissão do acelerómetro para o DAQ. Estas perturbações, designadas por ruído, devem ser incluídas na formulação do espaço de estados. No entanto, para aplicações de engenharia civil, é preferível uma abordagem simplificada. Nestes sistemas, o ruído não pode ser separado da excitação, pelo que os vectores de entrada Bu_k e Du_k são absorvidos pelo ruído w_k e v_k se a entrada for considerada como ruído branco.

$$x_{k+1} = Ax_k + w_k \qquad\qquad \text{Eq. 2.30}$$

$$y_k = Cx_k + v_k \qquad\qquad \text{Eq. 2.31}$$

Estas formulações funcionam diretamente com séries cronológicas. A principal vantagem deste método é a capacidade de efetuar estimativas de alta frequência em comparação com os métodos do domínio da frequência. As equações do espaço de estados fornecem soluções infinitas para o ajuste de curvas. No entanto, não é possível obter a adequação exacta. O erro entre os pontos de medição exactos e os pontos de curva estimados pode ser reduzido pela matriz de estado A e pela matriz de saída C. Nesse caso, deve considerar-se que quanto mais o erro de ajuste for reduzido, maior será a incerteza da estimativa dos parâmetros (Figura 2.14).

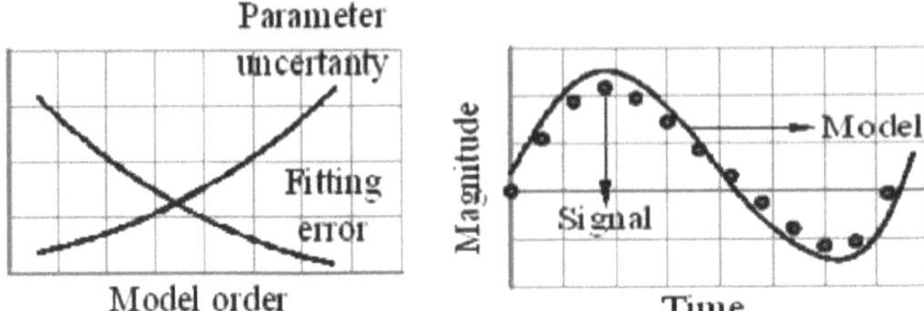

Figura 2.14: Ajuste de curvas com séries de dados temporais brutos e otimização da ordem do modelo e da incerteza dos parâmetros (Ramos, 2007).

Capítulo 3

3 IGREJA DE SAN TORCATO

3.1 História de San Torcato

A Igreja de São Torcato está situada na aldeia de São Torcato, a 7 km a norte da cidade de Guimarães/Portugal. A construção da igreja começou em 1871 e foi concluída nos últimos anos. Na Figura 3.1 e na Figura 3.2 podem ver-se as fases iniciais da construção. A igreja combina vários estilos arquitectónicos, como o clássico, o gótico, o renascentista e o romântico. Este estilo "híbrido" é também designado em Portugal como "Neo-Manuelino" (Merluzzi et al., 2007).

Figura 3.1 : Fase inicial da construção, antes da construção das torres (Museu de San Torcato)

Figura 3.2 : Após a conclusão da torre norte (Museu de San Torcato)

3.2 Definição estrutural da igreja

A planta arquitetónica da Igreja de San Torcato apresenta um esquema clássico de basílica em forma de cruz (Figura 3.3) com a nave principal coberta por uma abóbada de berço, transepto coroado por uma cúpula no meio e a parte da abside. Para além da fachada principal, existem duas torres. Entre as torres e os transeptos estão situados edifícios adicionais de um piso e de baixa altura. Os acessos às torres são feitos a partir do interior destes edifícios.

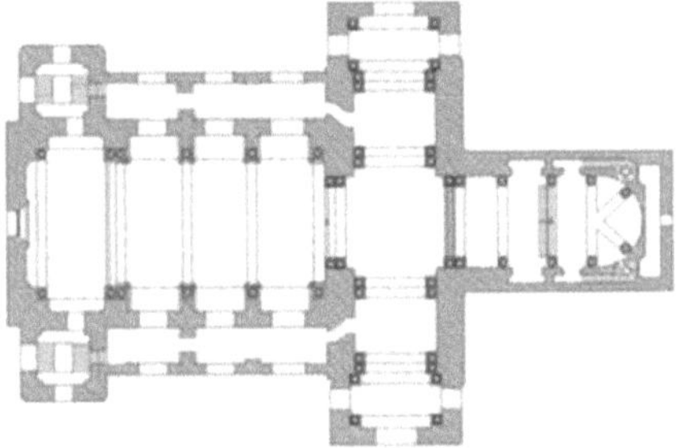

Figura 3.3 : Planta de nível do terreno (UMinho, Departamento de Engenharia Civil, 1999)

A nave principal da igreja tem 57,5 x 17,5 m de comprimento e 26,5 m de altura. Existe uma varanda a 7 m acima do nível do solo que liga as duas torres entre si. A varanda é suportada pela fachada principal, torres e arcos duplos no lado da nave (Figura 3.4).

Figura 3.4: Varanda da igreja

A nave principal é coberta por uma abóbada de berço em alvenaria (Figura 3.5). A espessura da abóbada é de 0,45 m e sobre ela foi construída uma cobertura adicional de betão com cerca de 0,30 m de espessura. A qualidade do betão pode ser interpretada como má, tendo em conta o tempo de construção e o agregado no interior. Contém pedaços de pedra e de azulejos esmigalhados e foi construído sem barras de aço.

Figura 3.5: Nave principal e abóbada de berço suportada por arco

A nave principal é suportada por quatro arcos de pedra simples e um duplo, assentes em colunas de pedra. As colunas de pedra são suportadas por contrafortes adjacentes às paredes do corpo da nave. Como os arcos de suporte são de pedra, observa-se uma camada superficial de betão nos arcos e na abóbada. Na transição com o transepto, a cúpula principal é suportada por um arco duplo de alvenaria.

Os contrafortes que suportam os arcos estendem-se até ao nível do telhado, cerca de 5 m mais alto do que a mola da abóbada. As vigas da cobertura suspensa com estrutura de madeira são suportadas por esses pilares (Figura 3.6).

Figura 3.6: Telhado de madeira e pilares de pedra que sustentam o telhado

Ao nível da abóbada de berço, existe uma varanda na parte lateral da fachada. Os danos proeminentes são fáceis de observar principalmente nessa parte da estrutura.

O transepto da igreja tem 37,1 x 11,4 m de dimensões. As paredes do corpo do transepto têm uma espessura de 2,30 m e são feitas de pedra. É coberto por abóbadas que são suportadas por 3 arcos que assentam em colunas de pedra. O telhado do transepto é coberto por um telhado suspenso com estrutura de madeira, como na nave principal, enquanto no meio se situa uma cúpula com nervuras de aço. A cúpula é suportada por arcos duplos de pedra em quatro direcções. A base da cúpula é constituída por betão armado moderno.

Na abside, observam-se diferentes tipos de técnicas de construção. Enquanto a abóbada foi construída com pedra, foi coberta com uma camada de betão armado. Foram utilizadas malhas de aço com 8 a 10 mm de diâmetro para reforçar (Figura 3.7). As paredes do corpo da abside foram construídas com pedra até ao nível da abóbada. No apoio dos arcos de suporte, foram utilizadas vigas de betão armado que visam transferir o impulso lateral dos arcos para as paredes do corpo. A cobertura do transepto é constituída por um telhado suspenso com estrutura de madeira.

Após o nível da mola, as paredes da abside foram construídas com betão armado. A fachada da abside foi coberta com um veio de pedra de 15 cm.

Figura 3.7 : Cobertura de betão armado da abóbada da abside e paredes de betão

As torres sineiras têm uma secção transversal igual a 7,5 x 6,3 m2 com cerca de 50 m de altura. Dão entrada à igreja ao nível do rés do chão e as escadas de pedra permitem o acesso aos campanários e varandas.

3.3 Danos estruturais

Devido à longa duração da construção, as técnicas estruturais e os materiais variam em toda a estrutura. A fagata principal, as torres junto à fagata e a nave principal são anteriores à fase de construção e feitas de pedra de granito com juntas secas, enquanto a abside é combinada com paredes de betão armado após o nível de nascente da abóbada.

O problema estrutural significativo da estrutura é o padrão de fissuras na fachada principal devido à inclinação das torres. A fissura observada na fachada principal começa no meio do arco da entrada, passa pela janela circular e chega ao canto esquerdo do tímpano (Figura 3.8). A continuidade das fissuras no interior da igreja e a inclinação das torres indicam um assentamento devido ao elevado nível de tensão das torres e à camada macia de enchimento do solo.

Figura 3.8 : Padrão de fissuras na fachada principal

A extensão das fissuras é observada mesmo no interior da igreja. Na varanda interior, as fissuras dividem o pavimento em três partes com fissuras longitudinais (ver Figura 3.9). Na parte norte da nave, logo abaixo e acima da janela em arco que fica perto da torre, há fissuras na direção vertical. A fissura começa no chão e continua até ao topo da janela. As fissuras observadas na fachada rasgam toda a secção da parede.

Como pode ser justificado pelo padrão de fissuras, a inclinação das torres devido ao assentamento do solo é a fonte de danos na estrutura. Além disso, nas paredes das torres próximas do solo, são visíveis fissuras finas que podem ter ocorrido devido à elevada compressão.

a)   b)

Figura 3.9: a) Fenda no chão da varanda e b) fenda na parede da fachada

3.4   Investigações anteriores

A fim de obter informações mais fiáveis sobre as origens dos danos e a avaliação da segurança da estrutura, foi iniciada em 1998 uma campanha de investigação que ainda decorre.

3.4.1 Ensaio dinâmico de penetração padrão (1998-99)

Para representar as características de resistência e deformabilidade do solo, foi efectuado um ensaio de penetração padrão em 31 locais a uma profundidade de até 8 m à volta da torre e até 4 m na área do transepto.

O resultado do ensaio mostrou que, na proximidade da torre, a presença de camadas de

solo de aterro
Foi encontrada terra com propriedades mecânicas extraordinariamente baixas
(Merluzzi et al.,2007).

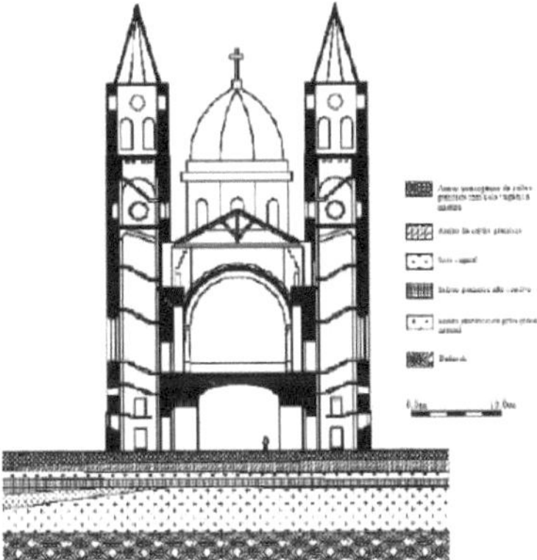

Figura 3.10: Secção do solo de acordo com os resultados da investigação

3.4.2 Controlo estático (1999)

Em 1999 foram efectuados vários registos de monitorização com o objetivo de
monitorizar a abertura de fendas e a inclinação das torres. Para este efeito, foram
utilizados medidores de fissuras em 14 pontos para verificar se as fissuras estão activas,
foi utilizado um tiltómetro para monitorizar a inclinação da torre e, adicionalmente,
foram realizados deslocamentos
registados (Merluzzi et al,2007). Utilizando um clinómetro instalado em cada torre,
foi medido o ângulo das torres. De acordo com os últimos resultados da
monitorização (junho - 2009), a inclinação das torres, a esquerda é de 9×10^{-2} rad e a
direita é de 9×10^{-2} rad.

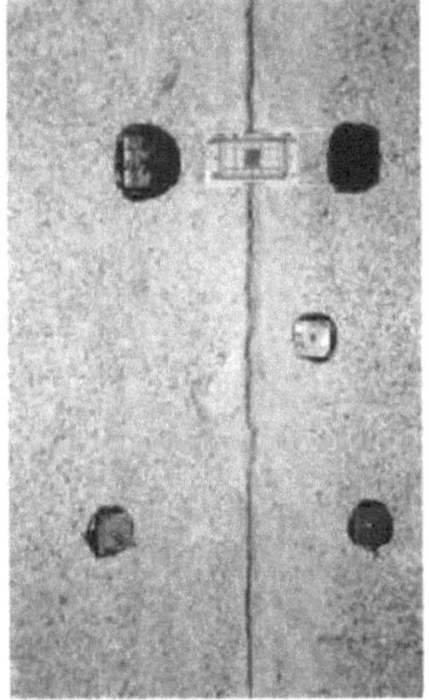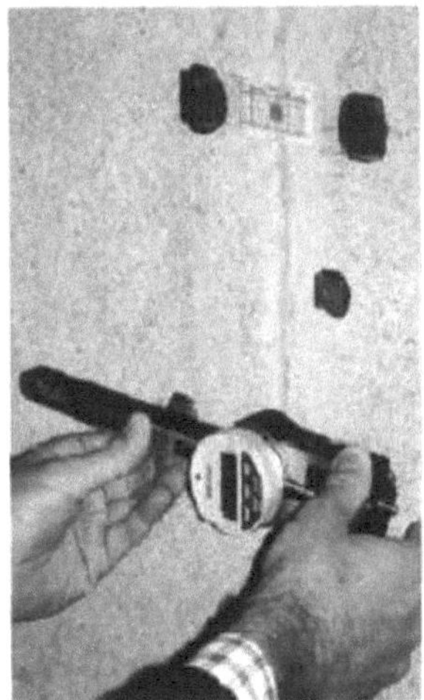

Figura 3.11: Monitorização de fissuras

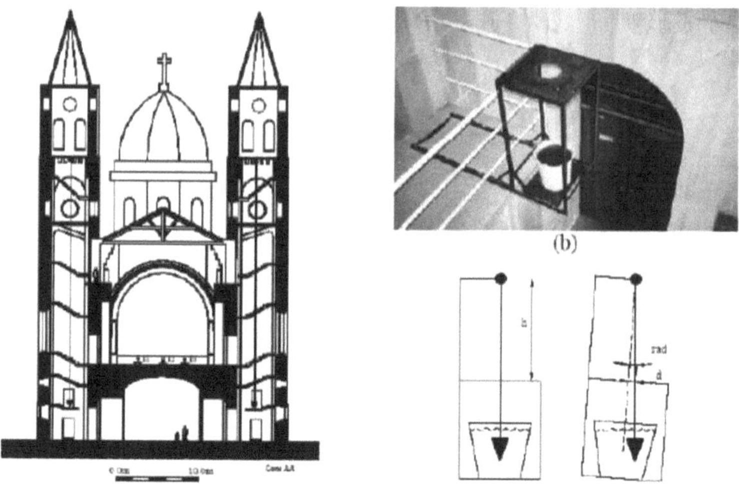

Figura 3.12: Medições da inclinação com o tiltómetro

3.4.3 Controlo das deslocações (1999)

Utilizando um teodolito ótico - estação total, foram registados os deslocamentos das torres, do pavimento e dos arcos da nave. Os resultados do registo foram os seguintes:

* as torres sineiras estão a inclinar-se com deslocamentos transversais;
* as inclinações são da ordem de 8 x 10-4 rad para a torre da esquerda e de 12 x 10-4 rad para a torre da direita
* os arcos da nave principal e do rés do chão apresentavam deformações verticais (Merluzzi et al., 2007).

3.4.4 Identificação dinâmica (2007)

Em 2007, foi efectuada uma investigação dinâmica em duas torres e na fachada principal da igreja de S. Torcato para realizar uma identificação dinâmica preliminar (Ramos & Aguilar, 2007).

As torres foram medidas nas direcções X - Y em cada canto. A varanda na fachada principal foi medida apenas na direção Y para captar o comportamento fora do plano. Durante os ensaios foram utilizados quatro acelerómetros e as medições foram efectuadas como experiências separadas. Apenas nas torres, de modo a medir 8 DOF, dois em cada canto, foram efectuadas 3 configurações. Para todos os pontos medidos e em cada configuração de teste, foram adquiridos 10 minutos de dados e com a frequência de amostragem de 2000 Hz (Ramos & Aguilar, 2007).

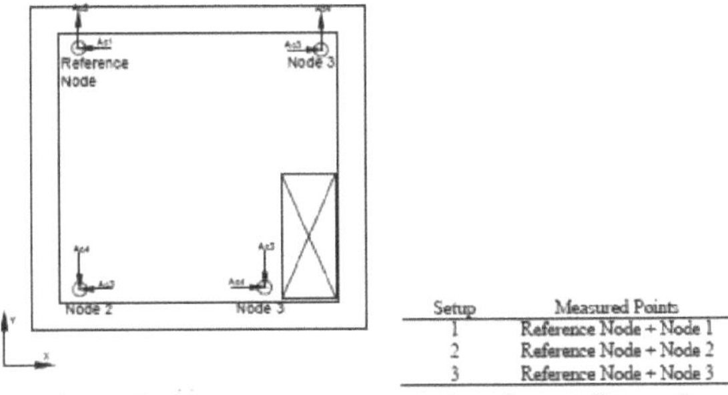

Figura 3.13: Colocação dos acelerómetros nas torres e ordem das configurações

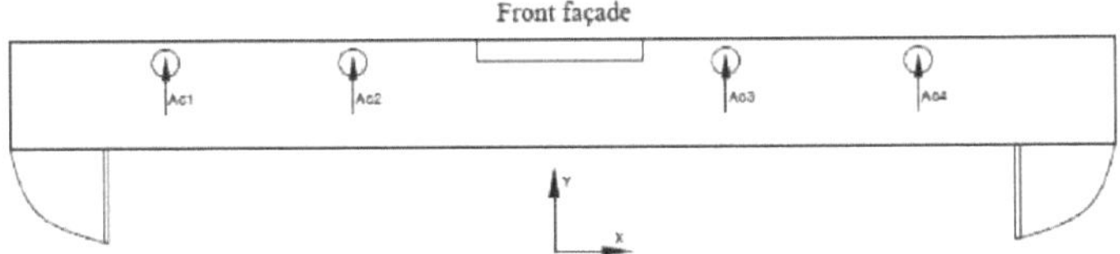

Figura 3.14: Colocação dos acelerómetros na varanda

Os resultados de medições separadas efectuadas em torres apresentam estimativas de frequência muito próximas (ver Quadro 3.1). No entanto, enquanto a varanda tem valores de frequência mais próximos nos dois primeiros modos, a terceira e quarta frequências têm valores mais elevados que podem ser interpretados como modos locais.

Tabela 3.1 : Estimativa de frequência e amortecimento da torre norte (Ramos & Aguilar,2007)

Modo	Frequência [Hz]	Std. Frequência [Hz]	Amortecime nto Rácio [%]	Std. Amortecime nto Rácio [%]
Modo 1	2.13	0.01063	1.249	0.1106
Modo 2	2.601	0.01276	1.717	0.5385
Modo 3	2.821	0.00721	0.893	0.1874
Modo 4	2.917	0.01012	1.055	0.1796

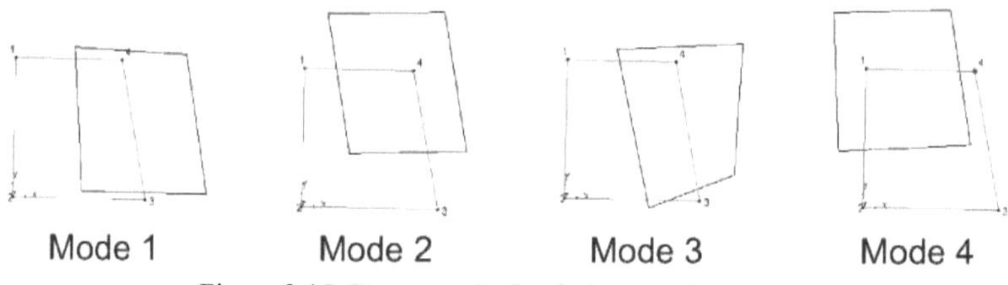

Figura 3.15: Formas próprias da torre norte

Tabela 3.2 : Estimativa de frequência e amortecimento da torre sul (Ramos & Aguilar, 2007)

Modo	Frequência [Hz]	Std. Frequência [Hz]	Amortecime nto Rácio [%]	Std. Amortecime nto Rácio [%]
Modo 1	2.138	0.005446	1.164	0.1204
Modo 2	2.615	0.004724	1.269	0.2297
Mode 3	2.849	0.002391	0.9843	0.1127
Mode 4	2.901	0.01204	1.506	1.216

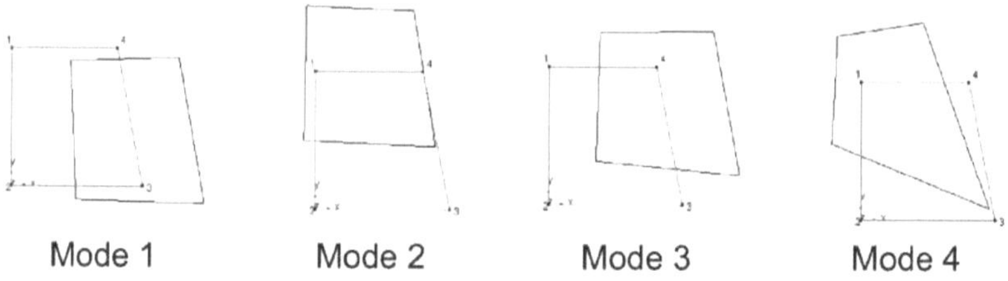

Figura 3.16 : Formas próprias da torre sul (Ramos&Aguilar,2007)

Tabela 3.3 : Estimativa da frequência e do amortecimento da fachada (Ramos & Aguilar, 2007)

Mode	Frequency [Hz]	Damping Ratio [%]
Mode 1	2.58	2.2
Mode 2	2.93	2.5
Mode 3	4.06	6.4
Mode 4	4.34	7.3

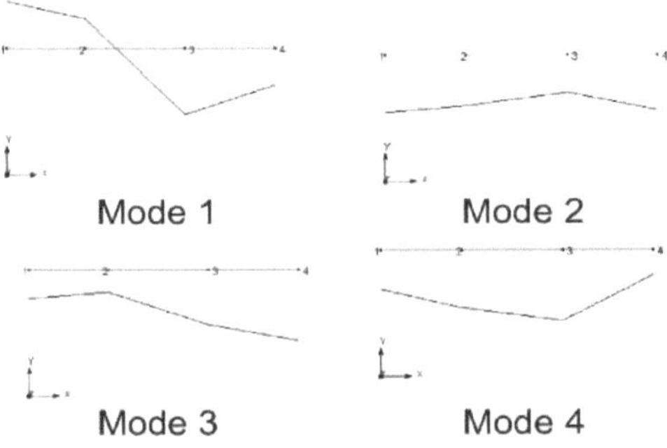

Figura 3.17: Formas modais da varanda (Ramos & Aguilar, 2007)

Quando as formas próprias das torres são examinadas, o primeiro e o segundo modos exibem modos translacionais nas direcções X e Y. As formas do terceiro e quarto modos apresentam um comportamento mais complexo.

As formas próprias da parte da varanda dão uma ideia do efeito dos danos nessa parte. A parte da varanda está significativamente danificada. O primeiro modo de forma da varanda apresenta um movimento de torção. Enquanto o primeiro modo de forma das torres está na direção X, o comportamento fora do plano da fachada pode estar relacionado com os danos. Mesmo no segundo modo, observa-se um movimento não uniforme na direção Y.

<h1 style="text-align:center">Capítulo 4</h1>

4 IDENTIFICAÇÃO DINÂMICA DA IGREJA DE SAN TORCATO

Na sequência dos trabalhos anteriores, foi realizado em 2009 um ensaio de identificação dinâmica abrangente com o objetivo de identificar as propriedades dinâmicas globais da estrutura, a interação solo-estrutura, a ligação estrutural nas juntas de diferentes fases e a influência do balanço do sino. Além disso, os dados recolhidos deverão ser utilizados para a atualização modal de um modelo de elementos finitos previamente preparado e fornecer informações para o planeamento da monitorização dinâmica.

4.1 Sistema de aquisição de dados

Na análise modal experimental da Igreja de São Torcato, foram utilizados 10 acelerómetros piezoeléctricos uniaxiais modelo PCB 393B12 com uma largura de banda de 0,15 a 1000 Hz (5%), uma gama dinâmica de ±0,5 g, sensibilidade de 10 V/g, 8 pg de resolução e 210 gr de peso. Para a aquisição de dados, foi utilizado um conversor digital-analógico (ADC) de 16 canais (Figura 2.1).

a)   b)

Figura 4.1: a) Acelerómetro utilizado no ensaio e b) Sistema DAQ

4.2 Planeamento de testes

Antes da realização do ensaio experimental no terreno, foi estudada a estimativa prévia das frequências esperadas e a decisão dos pontos de medição, pontos de referência, para evitar quaisquer erros que não possam ser corrigidos sem processamento de sinal e perda de tempo. Para o efeito, foram considerados o modelo de EF anterior e os resultados dos ensaios preliminares.

Para a gama de frequências prevista, foram tidos em conta os resultados dos ensaios preliminares, como se mostrou na Secção 3.4.4, as primeiras quatro frequências situam-se entre 2-3 Hz. Para os pontos de medição e os pontos de referência, as formas próprias do modelo de elementos finitos e o juízo geral de engenharia influenciaram as decisões.

Decidiu-se colocar os acelerómetros de referência nas torres devido à sua elevada amplitude e contribuição em cada modo. As torres e a fachada principal tiveram de ser medidas com precisão, uma vez que apresentam danos graves. Assim, a quantidade de pontos de medição foi escolhida de forma densa. A nave principal da estrutura também foi decidida para ser medida em 13 pontos no apoio da abóbada e no topo da abóbada. O transepto foi decidido para ser medido nos cantos, um na direção X e outro na direção Y. Na parte da abside, decidiu-se medir os cantos e um ponto adicional no meio das alas para captar os movimentos de flexão (ver Figura 4.5, Figura 4.2 e Figura 4.4).

No total, foram decididas 9 configurações e 35 pontos para serem medidos. No entanto, durante a experiência, devido à falta de cabos e a problemas de acessibilidade, a distribuição dos DOF's nas configurações e até os pontos de medição foram alterados. Durante as experiências, a vibração ambiente foi utilizada como fonte de excitação. A excitação do vento e do tráfego foi suficiente para obter pelo menos os primeiros quatro modos para todas as estruturas. Para além da vibração ambiente, foi utilizado um martelo de impacto na nave e no campanário da torre norte. Durante a oscilação do sino, foram efectuados registos em separado. Os sinos não eram controlados eletronicamente, pelo que a frequência de oscilação não era altamente controlada.

Os transdutores de referência foram colocados em pontos diferentes em duas direcções nas torres (ver Figura 4.3). Em cada torre foram medidos 6 pontos em dois níveis, no campanário e nas escadas ao nível da mola da abóbada principal (P1, P2 e P3 no campanário esquerdo, P11, P12 e P13 no nível da escada esquerda, P4, P5 e P6 no campanário direito, P19, P20 e P21 no nível da escada direita) (Figura 4.4). Em todas as configurações, foi considerada a simetria na direção este-oeste para verificar se os danos existentes causavam algumas separações na igreja.

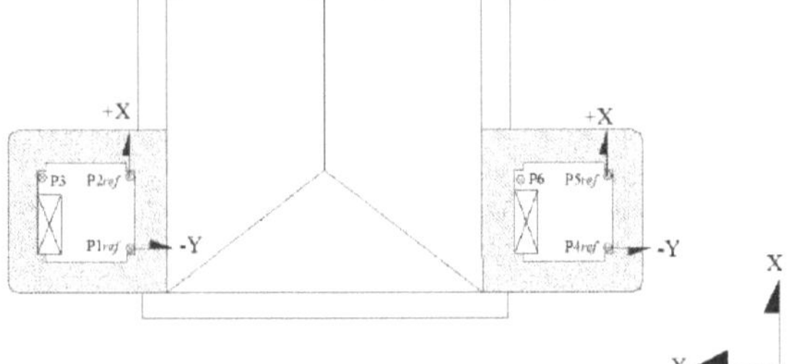

Figura 4.3 : DOFs medidos nas torres.

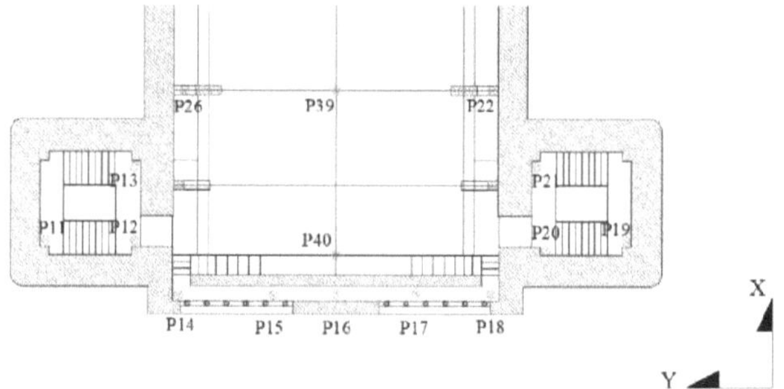

Figura 4.4: DOFs medidos no nível da escada e na varanda

Foram colocados cinco acelerómetros na varanda onde o dano é observado de forma significativa e medidos apenas na direção X para definir o comportamento fora do plano (P14, P15, P16, P17 e P18) (Figura 4.4).

Na nave principal, ao nível dos tectos inclinados, foram medidos 4 pontos de cada lado (P22, P23, P24 e P25 à direita, P26, P27, P28 e P29). A direção das medições no meio da nave foi decidida na direção Y para apanhar movimentos fora do plano. Nos cantos da cúpula (P29, P25, P30, P35), e nos pontos próximos das torres (P26, P22), as medições foram efectuadas em duas direcções (Figura 4.5).

No transepto, as medições foram efectuadas na cobertura de nível, nos cantos em direção X e Y (P7, P8, P9, P10). Na abside, os registos foram efectuados ao nível da cornija devido à medição imprecisa do movimento nos parapeitos. Nos cantos da abside, as medições foram efectuadas em duas direcções (P30, P32, P33, P35). No meio da abside, os registos foram feitos na direção Y para apanhar movimentos fora do plano (P31, P34) (Figura 4.5).

O sistema DAQ foi colocado na nave principal de modo a estar à mesma distância dos pontos de medição (entre P39 e P40).

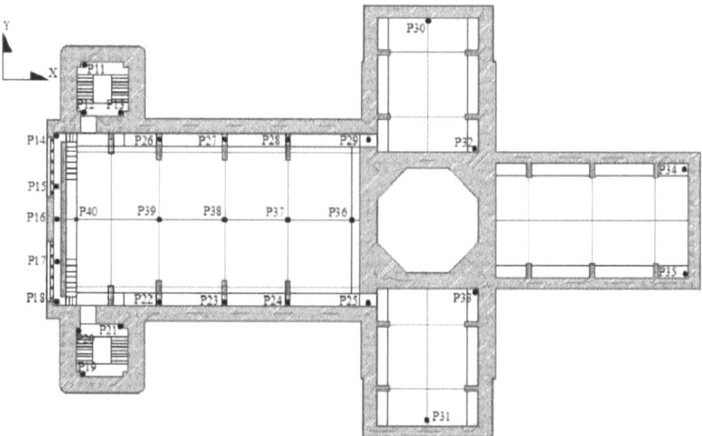

Figura 4.5: Plano dos DOFs medidos

Tabela 4.1 : O gráfico que mostra os DOF's medidos com a sua direção em cada configuração

	Capít ulo 1	Capít ulo 2	Capít ulo 3	Capít ulo 4	Capít ulo 5	Capít ulo 6	Capít ulo 7	Capít ulo 8	Capít ulo 9	Ch 10
	Ref. 1	Ref. 2	Ref. 3	Ref. 4	Mov 1	Mov 2	Mov 3	Mov 4	Mov 5	Mov 6
Configuração 1	P1 / -Y	P2 / +X	P4 / -Y	P5 / +X	P3 / +Y	P6 / +Y	P20 / +Y	P12 / -Y	P 39 / -Y	P40 / -X
Configuração 2	P1 / -Y	P2 / +X	P4 / -Y	P5 / +X	P11 / -X	P19 / -X	P21 / +Y	P13 / +X	P22 / +X	P26 / +X
Configuração 3	P1 / -Y	P2 / +X	P4 / -Y	P5 / +X	P22 / +Y	P23 / +Y	P24 / +Y	P26 / +Y	P27 / +Y	P28 / +Y
Configuração 4	P1 / -Y	P2 / +X	P4 / -Y	P5 / +X	P25 / +Y	P25 / +X	P29 / +Y	P29 / +X	P37 / +Y	-
Configuração 5	P1 / -Y	P2 / +X	P4 / -Y	P5 / +X	P14 / -X	P15 / -X	P16 / -X	P17 / -X	P18 / -X	P36 / +Y
Configuração 6	P1 / -Y	P2 / +X	P4 / -Y	P5 / +X	P30 / +X	P30 / +Y	P31 / +X	P31 / -Y	-	-
Configuração 7	P1 / -Y	P2 / +X	P4 / -Y	P5 / +X	P32 / +X	P32 / +Y	P33 / +X	P33 / +Y	-	-
Configuração 8	P1 / -Y	P2 / +X	P4 / -Y	P5 / +X	P34 / +X	P34 / +Y	-	-	-	-
Configuração 9	P1 / -Y	P2 / +X	P4 / -Y	P5 / +X	P35 / +X	P35 / +Y	-	-	-	-

Em cada ponto, as medições foram efectuadas durante 10 minutos com uma frequência de 200 Hz. As configurações foram medidas 2-3 vezes para evitar quaisquer erros que possam ocorrer durante a aquisição e também para poder escolher a melhor qualidade dos dados registados (tendo em conta o nível de ruído dos registos).

Para o processamento de dados, foram utilizadas técnicas apenas de saída. Os sinais registados foram processados com técnicas FDD e SSI.

Para além da estimativa da frequência, foram utilizados os ensaios de excitação de sino e de martelo de impacto para estimar o amortecimento da estrutura. Para a estimativa das propriedades do solo, foram efectuadas medições do solo em 4 pontos em 3 direcções. As medições foram efectuadas durante 30 minutos para cada configuração e foi utilizada uma frequência de amostragem de 500 Hz.

Para a análise FFT e SSI, foi utilizado o software especializado de processamento de sinais Artemis Extrator Pro 2009 Release 4.5. Para além do software, os gráficos de aceleração-tempo foram traçados e os valores RMS foram calculados com um código de software computacional Matlab (MATLAB, 2007).

4.3 Análise preliminar das configurações

Cada configuração foi processada com métodos diferentes, a fim de verificar os resultados e aumentar o nível de confiança. No processamento dos sinais, foram utilizados métodos no domínio da frequência e métodos estocásticos, implementados no software Artemis (Artemis, 2009)

Na técnica FDD, cada modo é estimado como uma decomposição das densidades espectrais de resposta do sistema em vários sistemas de um grau de liberdade (SDOF).

Para a análise no domínio da frequência, a gama de frequências dos processos foi de 020 Hz com um comprimento de janela de 1024 pontos. Embora o software possa estimar as frequências automaticamente, os picos foram seleccionados manualmente.

Para comparar os resultados com outras técnicas do domínio da frequência, os métodos EFDD e CFDD, que são explicados em, permitem a estimativa do rácio de amortecimento como uma caraterística extra, bem como a estimativa das frequências próprias independentemente da resolução da frequência.

O método SSI baseia-se nas matrizes de espaço de estados explicadas anteriormente. Para além da análise SSI comum, a matriz de entrada é ponderada e consiste em dados de séries temporais comprimidos. O método é designado por SSI-PC (identificação estocástica do subespaço - componente principal).

Para a análise SSI, foi utilizado o método SSI-PC. A dimensão máxima do espaço de estados para as estimativas foi selecionada como 100. Os dados originais foram utilizados sem decimação.

Os gráficos de aceleração-tempo de cada configuração são apresentados na Figura 4.6, na Figura 4.7 e na Figura 4.8. Foram efectuadas várias medições em cada configuração, a fim de escolher o registo de melhor qualidade. Como se pode ver nos gráficos, a maior parte do nível de excitação ambiente para a duração da amostragem é regular. Além disso, nas configurações 7 e 9 (ver Figura 4.7 e Figura 4.8), devido à oscilação do sino, são observados picos solitários muito elevados. No entanto, a ocorrência destes eventos durante um curto período de tempo não pode perturbar a qualidade dos registos.

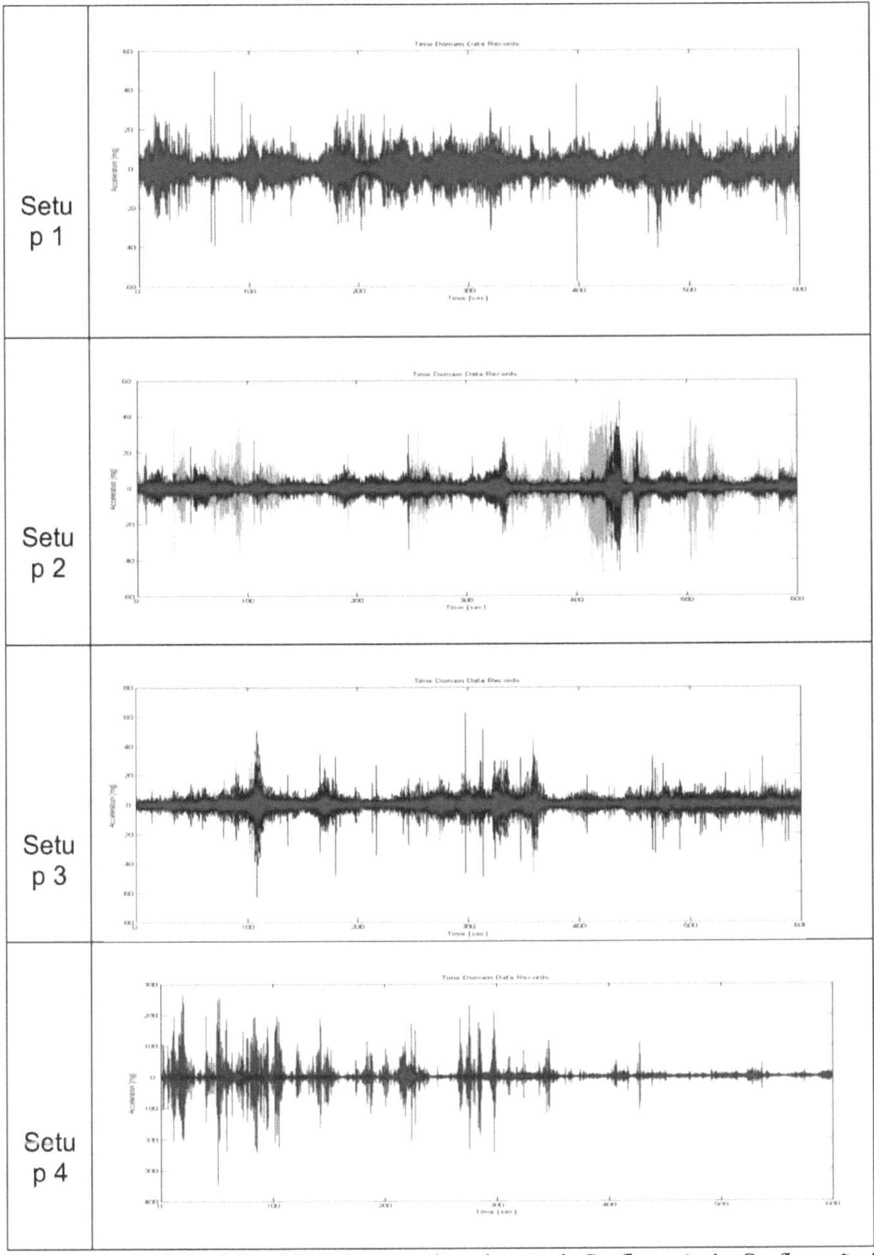

Figura 4.6: Gráficos do tempo de aceleração da Configuração 1 - Configuração 4

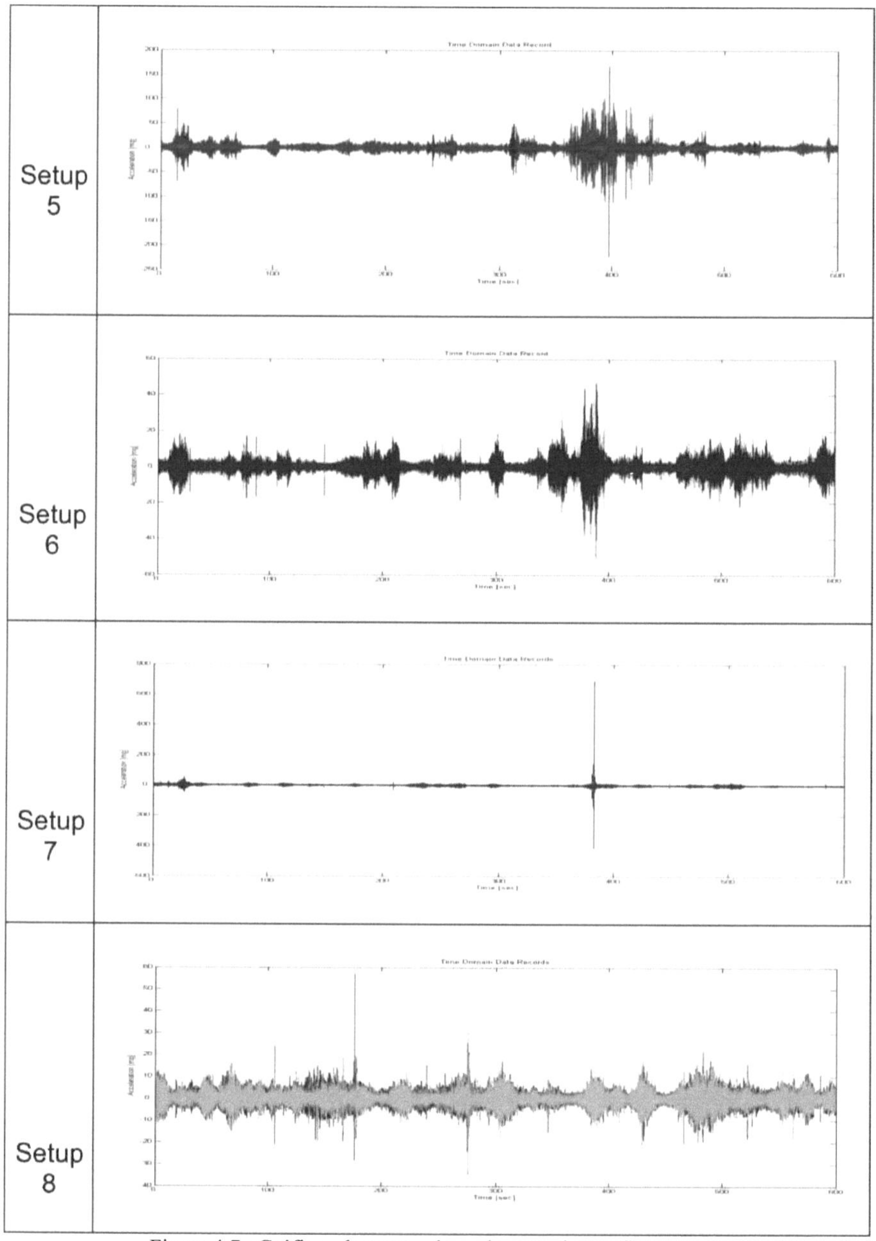

Figura 4.7 : Gráficos do tempo de aceleração da Configuração 5 - Configuração 8

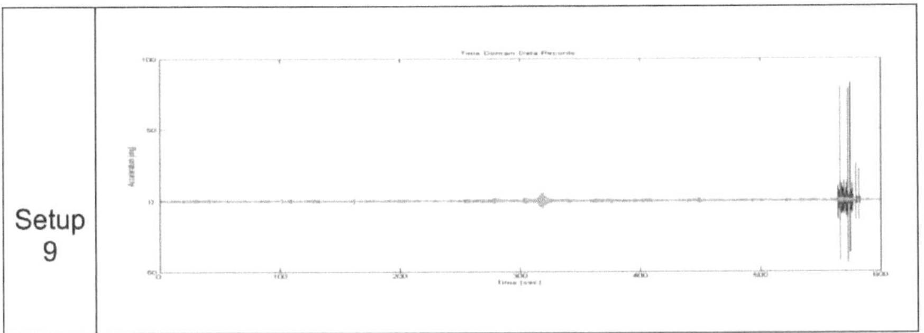

Figura 4.8 : Gráfico do tempo de aceleração da configuração 9

Uma forma mais específica de avaliar a qualidade dos registos é verificar os picos de cada canal e o cálculo da raiz quadrada média (RMS), que dá uma ideia do nível médio de excitação. Os valores RMS podem ser calculados com a expressão Eq. 4.1.

$$RMS = \sqrt{\frac{1}{N}\sum_{i=1}^{N} x_i^2}$$ **Eq. 4.1**

Os picos de cada canal em cada configuração e os valores RMS foram calculados utilizando um código Matlab e são apresentados na Tabela 4.2. Quando a tabela é examinada, verifica-se que os valores de pico e RMS são semelhantes em cada configuração. Os valores de pico significativamente elevados em algumas configurações indicam que as campainhas cantam num curto período de tempo. Os valores mais elevados de RMS na Configuração 4 e na Configuração 9 podem estar relacionados com alterações ambientais, tais como a exposição a ventos mais fortes do que noutras medições.

Quadro 4.2 : Aceleração de pico das configurações e valores RMS médios

	Pico [mg]	Média RMS [mg]
Configuração 1	57	2.47
Configuração 2	52	2.11
Configuração 3	63	2.58
Configuração 4	347	4.71
Configuração 5	223	2.96
Configuração 6	51	2.35

Configuração 7	691	2.64
Configuração 8	57	2.33
Configuração 9	827	4.18

Setup 1	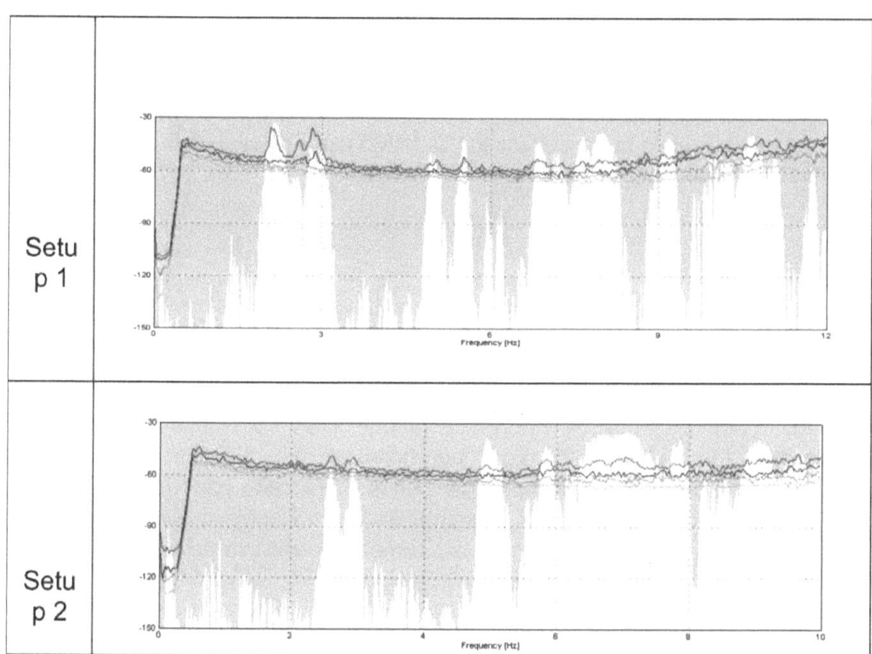
Setup 2	

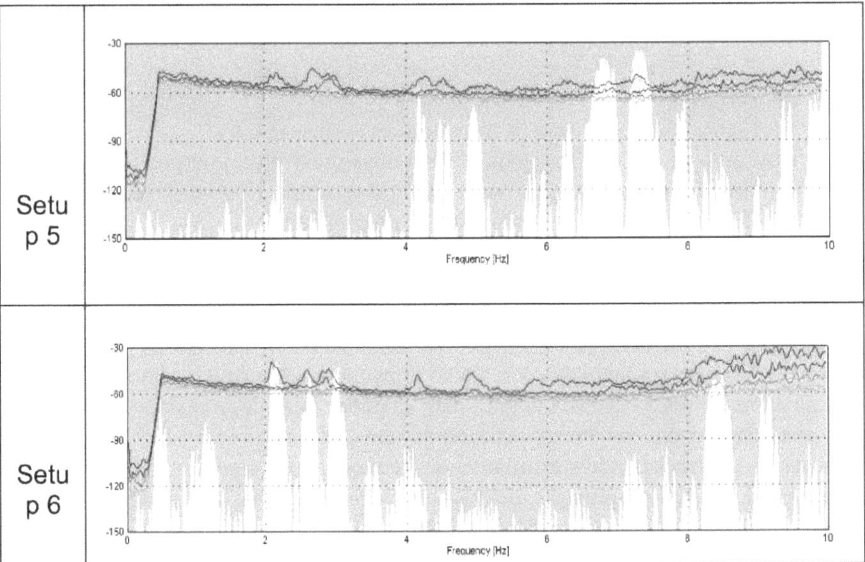

Setu p 3	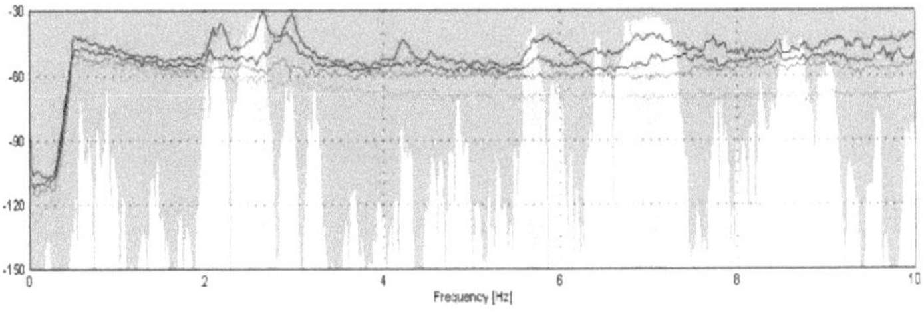
Setu p 4	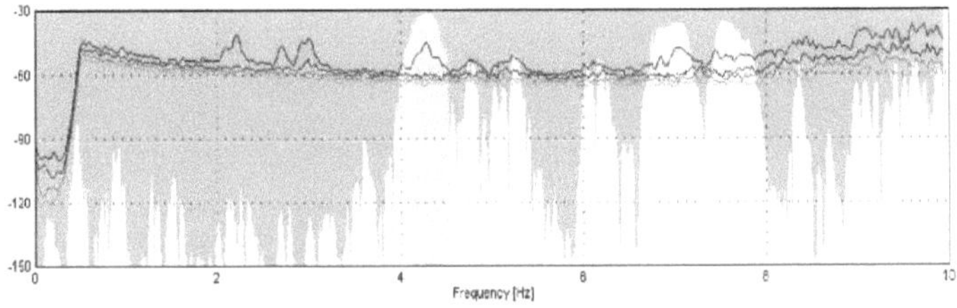

Figura 4.9 Gráfico de decomposição de frequências da

Setu p 5	
Setu p 6	

Setu p 7	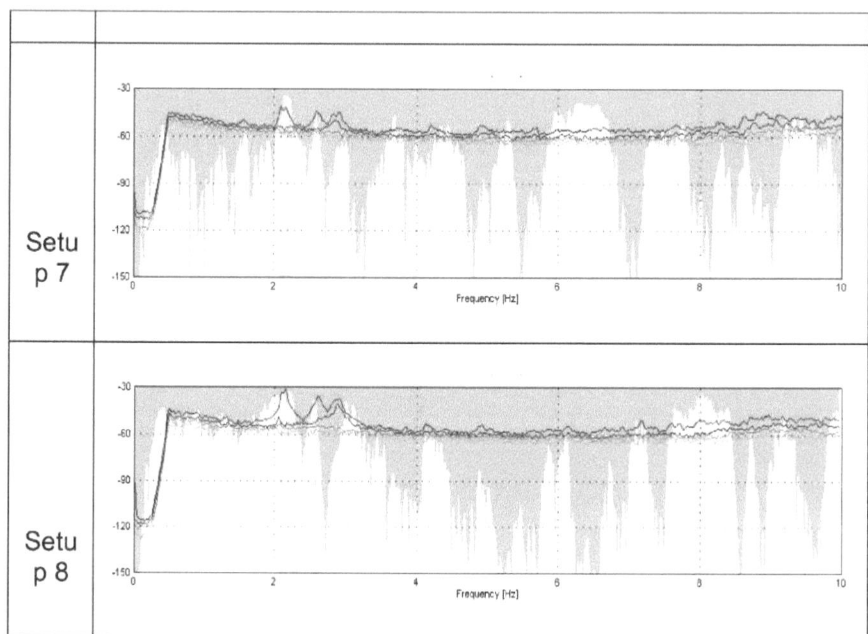
Setu p 8	

Figura 4.10 : Gráfico de decomposição de frequências da Configuração 5 à Configuração 8

Setu p 9	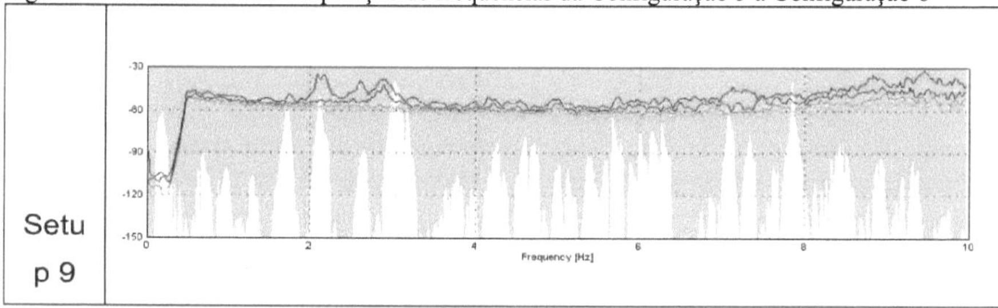

Figura 4.11 : Gráfico de decomposição de frequências da configuração 9

Os gráficos de resposta em frequência são muito úteis para interpretar os dados de forma aproximada. Como se pode ver nas figuras acima (Figura 4.9, Figura 4.10 e Figura 4.11), os picos indicam frequências de ressonância.

Quando os gráficos são examinados, em cada configuração são identificados picos claros entre 2 e 3 Hz. Embora a sua amplitude varie de um para outro, as frequências principais são esperadas neste intervalo.

Nas primeiras 6 configurações, que são efectuadas na parte mais antiga da estrutura (a parte que começa na fachada e vai até ao transepto), são visíveis alguns outros picos na gama de 4 a 5 Hz. No entanto, para se poder falar de frequências globais, todas as configurações devem ser processadas em conjunto.

Na Tabela 4.3 é apresentada a estimativa de frequência das configurações com o método FDD. Cada configuração foi calculada separadamente e os picos foram seleccionados manualmente.

Quadro 4.3 : Estimativa da frequência das configurações pelo método FDD

	Config uração 1	Config uração 2	Config uração 3	Config uração 4	Config uração 5	Config uração 6	Config uração 7	Config uração 8	Config uração 9
Modo 1	2.09	2.62	2.17	2.21	2.19	2.09	2.11	2.13	2.19
Modo 2	2.60	2.85	2.64	2.70	2.68	2.58	2.59	2.61	2.60
Modo 3	2.83	2.93	2.97	3.01	2.89	2.89	2.81	2.90	2.86
Modo 4	5.04	4.94	4.24	4.28	4.28	4.14	2.90	4.13	2.92
Modo 5	5.53	-	5.70	4.79	4.53	4.94	4.20	4.92	5.73
Modo 6	-	-	-	5.22	-	5.82	4.93	6.15	7.16
Modo 7	-	-	-	-	-	-	-	7.18	-

4.4 Processamento de todas as configurações

Após o primeiro processamento de dados para controlo de qualidade, concluiu-se que, pelo menos, os primeiros quatro modos da estrutura são apresentados em todas as configurações. Os modos superiores são visíveis em algumas configurações; no entanto, os picos não são suficientemente claros para permitir uma estimativa exacta. De seguida, é apresentada a análise combinada dos modos de todas as 9 configurações, com a comparação dos diferentes métodos.

4.4.1 Decomposição no domínio da frequência

Como se pode ver na Figura 4.12, os picos das matrizes de densidade espetral do método FDD concentram-se principalmente abaixo de 4 Hz. Outros picos são visíveis entre 4 Hz e 8 Hz. Para obter estimativas mais exactas, os dados devem ser processados com métodos SSI, que dão melhores resultados no caso de haver picos próximos.

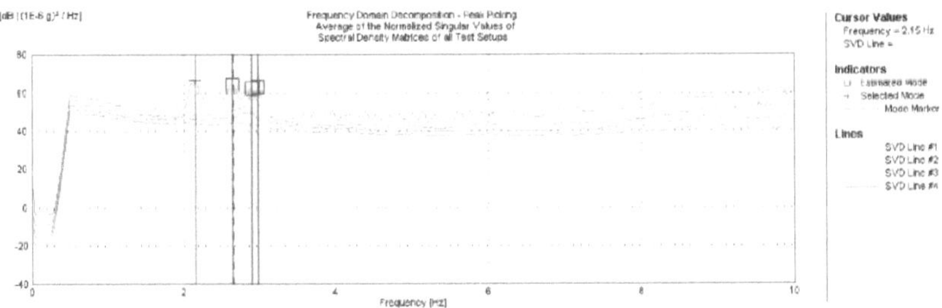

Figura 4.12 : Decomposição de frequências das configurações e picos seleccionados

Quadro 4.4: Estimativa de frequência de todas as configurações

Modos	Frequência [Hz]
Modo FDD 1	2.148
Modo FDD 2	2.637
Modo FDD 3	2.891
Modo FDD 4	2.969

4.4.2 FDD melhorado

O método EFDD permite estimar o amortecimento através da transformação inversa de Fourier. A Figura 4.13 mostra os picos e a Tabela 4.5 apresenta os valores das frequências, tanto para o amortecimento como para a frequência, calculados para cada configuração. A variação padrão da frequência é de cerca de 0,05, o que mostra que o erro de estimativa das frequências é muito baixo. No entanto, a variação do rácio de amortecimento e os valores da variação padrão são relativamente elevados, com o valor máximo de 0,74. Assim, a eficiência do método EFDD é aceitável quando a estimativa do amortecimento não é suficiente.

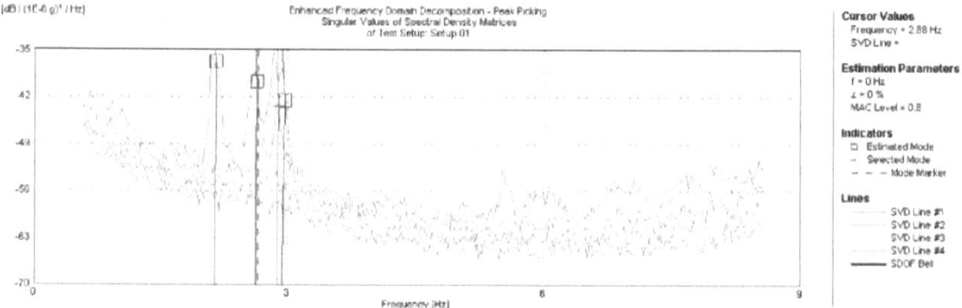

Figura 4.13: Gráfico EFDD de todas as configurações e picos seleccionados

Tabela 4.5: Estimativas de frequência e amortecimento do método EFDD para todas as configurações e sua variação padrão

Modo	Frequência y [Hz]	Std. Frequência [Hz]	Amorteciment o Rácio [%]	Padrão Rácio de amortecimento [%]
EFDD Modo 1	2.14	0.04	1.78	0.61
EFDD Modo 2	2.62	0.05	1.45	0.45
EFDD Modo 3	2.89	0.04	0.77	0.74
EFDD Modo 4	2.94	0.04	0.79	0.27

4.4.3 Curve-Fit FDD

O método de decomposição do domínio da frequência ajustado à curva, implementado no software Artemis, utiliza o mesmo procedimento para o cálculo do FDD para a recolha de picos. Em seguida, cada frequência é convertida em SDOF Spectra Bell. A estimativa do amortecimento é efectuada quando os vectores de forma dos modos são convergentes. As frequências resultantes são obtidas através do cálculo da média das frequências FDD e SDOF (Artemis Release 4.5).

Os resultados do espetro CFDD são apresentados na Figura 4.14, onde são mostrados os picos seleccionados das frequências ressonantes. Os valores estimados para as frequências e os rácios de amortecimento são apresentados na Tabela 4.6.

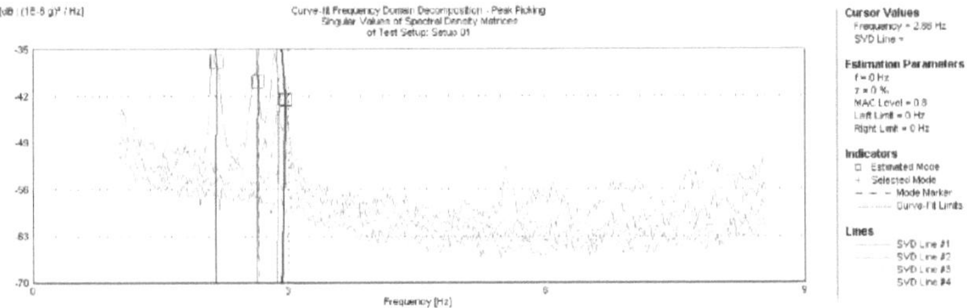

Figura 4.14: Gráfico do domínio da frequência do CFDD e picos seleccionados

Quadro 4.6: Estimativas de frequência e amortecimento do método CFDD para todas as configurações e respetivo desvio padrão

Modos	Frequência [Hz]	Std. Frequência [Hz]	Amortecimento Rácio [%]	Std. Amortecimento Rácio [%]
CFDD Modo 1	2.13	0.04	0.91	0.21
CFDD Modo 2	2.62	0.05	0.78	0.26
Modo CFDD 3	2.86	0.03	0.62	0.56
CFDD Modo 4	2.93	0.03	0.40	0.18

4.4.4 Identificação estocástica do subespaço

O método SSI, descrito nas secções anteriores, trata de séries temporais em bruto. Ao resolver as equações do espaço de estados, obtém-se uma função de tempo contínuo. Embora os métodos do domínio da frequência sejam rápidos nos processos e fáceis de interpretar, os métodos SSI dão resultados mais exactos, especialmente quando as frequências estão próximas umas das outras e são difíceis de distinguir de outras saídas (ruído).

O método SSI-PC, no qual a matriz de entrada é ponderada, é escolhido para a análise. Como se pode ver na Figura 4.15, é selecionada uma ordem de modelo elevada da matriz de entrada, em que a estimativa das frequências se torna constante e constitui linhas verticais rectas designadas por pólos. Em cada configuração, a ordem do modelo foi escolhida manualmente. Os resultados da estimativa de frequência são apresentados na Tabela 4.7.

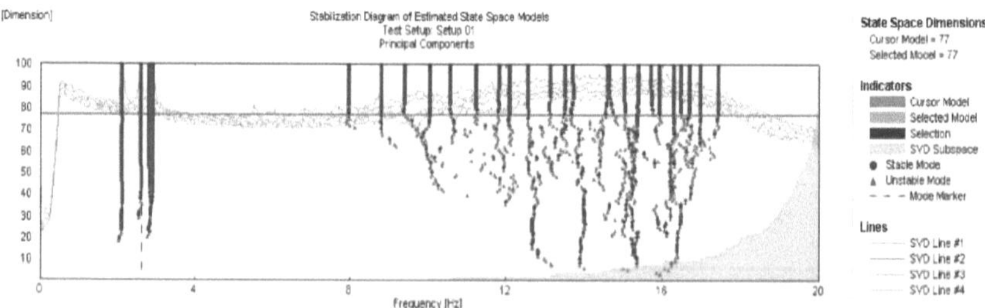

Figura 4.15: Pólos do método SSI para a configuração 1 impostos no gráfico do domínio da frequência

Tabela 4.7: Estimativas de frequência e amortecimento do método SSI-PC para todas as configurações

Modo	Frequência [Hz]	Std. Frequência [Hz]	Amortecimento Rácio [%]	Std. Amortecimento Rácio [%]
SSI- Modo 1	2.14	0.026	1.514	0.523
SSI- Modo 2	2.63	0.044	1.064	0.263
Modo SSI 3	2.85	0.049	1.398	0.511
SSI- Modo 4	2.93	0.039	1.496	0.700

4.4.5 Comparação de métodos

Estimativa da frequência dos dados registados para todas as configurações combinadas e processadas em conjunto. Nos processos, foram utilizadas diferentes identificações modais para validar os resultados (Tabela 4.8). A diferença de frequências dos métodos mostra a eficiência dos métodos nas frequências (Tabela 4.9). No entanto, a variação das estimativas do rácio de amortecimento apresenta diferenças elevadas. Como foi explicado nas secções anteriores, cada método tem um processo de estimativa de amortecimento diferente. Os valores estimados são apresentados na Tabela 4.10.

Tabela 4.8 : Estimativas de frequência dos diferentes métodos de identificação [Hz]

	FDD	EFDD	CFDD	SSI
Modo 1	2.15	2.14	2.13	2.14
Modo 2	2.64	2.62	2.62	2.63
Modo 3	2.89	2.89	2.86	2.85
Modo	2.97	2.94	2.93	2.93

O método SSI fornece resultados mais exactos devido ao processamento de dados no domínio do tempo, especialmente quando os picos estão próximos uns dos outros no domínio da frequência. Assim, os resultados da SSI são utilizados para comparar os resultados de outros métodos. A Tabela 4.10 apresenta o rácio de erro em frequências.

Tabela 4.9 : Erro de frequência dos diferentes métodos com base nos valores SSI

Erro de frequência dos métodos

	SSI [Hz]	FDD [%]	EFDD [%]	CFDD [%]
Modo 1	2.14	0.4	0.1	0.3
Modo 2	2.63	0.4	0.1	0.1
Modo 3	2.85	1.3	1.1	0.3
Modo 4	2.93	1.4	0.3	0.1

Tabela 4.10 : Estimativa do amortecimento e variação padrão dos diferentes métodos

	EFDD		CFDD		SSI	
	Rácio de Dampi ng [%]	Std. Amortecime nto Rácio [%]	Rácio de amortecim ento [%]	Std. Amortecime nto Rácio [%]	Rácio de amortecim ento [%]	Std. Amorteci mento Rácio [%]
Modo 1	1.78	0.61	0.91	0.21	1.51	0.52
Modo 2	1.45	0.45	0.78	0.26	1.06	0.26
Modo	0.77	0.74				

3			0.62	0.56	1.40	0.51
Modo	0.79	0.27				
4			0.40	0.18	1.50	0.70

4.4.6   Modo de apresentação da forma

Após a estimativa das frequências, o software Artemis permite ao utilizador ver as formas próprias. Para este efeito, foi construído um modelo geométrico simplificado e foram definidos pontos de medição com as respectivas direcções. Como foi discutido, o movimento dos DOF's não medidos do modelo foi correlacionado através da introdução de algumas equações escravas. Assim, o movimento de pontos não medidos foi simulado em função de outros pontos.

Os dois primeiros modos da estrutura são observados como modos translacionais nas direcções X e Y. Embora toda a estrutura esteja a mover-se em conjunto, as torres têm amplitudes mais elevadas devido à sua flexibilidade (Figura 4.16-a e Figura 4.16-b).

O terceiro e o quarto modo da estrutura exibem modos de torção. As torres movem-se diagonalmente em direcções opostas enquanto a nave se flecte (Figura 4.16-c e Figura 4.16-d).

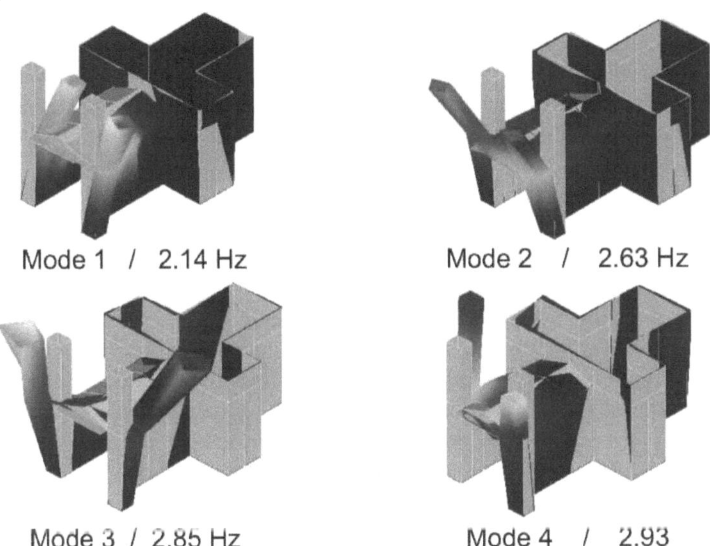

Figura 4.16 : Formas próprias das estimativas de frequência do método SSI

Capítulo 5
5 ACTUALIZAÇÃO MODAL

Os métodos de análise numérica estão a ser intensamente utilizados na conceção e avaliação de estruturas. Com o desenvolvimento da tecnologia informática, a eficiência dos modelos está a aumentar. No entanto, quando as previsões numéricas são comparadas com alguns resultados experimentais, a coerência pode ficar fora dos limites de confiança. (Friswell et al, 2009).

O modelo numérico da Igreja de São Torcato foi construído com o objetivo de ser utilizado em análises estáticas não lineares para avaliar propostas de intervenção. No entanto, a fiabilidade do modelo tem uma importância significativa na tomada de decisões para qualquer intervenção. Neste ponto, deve ser examinada a correlação entre as respostas modais experimentais e a resposta do modelo numérico. Em caso de correlação insuficiente, é necessário afinar o modelo numérico utilizando métodos de otimização robustos.

Dependendo do nível de conhecimento, o modelo numérico consiste em vários pressupostos, incluindo simplificações geométricas, estimativa de propriedades mecânicas, homogeneização e julgamentos de linearização. Estas etapas da modelação podem dar origem a definições incorrectas, como se indica a seguir;

- Erros de estrutura do modelo: Erros, susceptíveis de ocorrer quando as definições físicas são incertas ou devido a comportamentos não lineares negligenciados,
- Erros de parâmetros do modelo : Contém a aplicação de condições de fronteira inadequadas e quaisquer pressupostos utilizados para simplificar o modelo,
- Erros de ordem do modelo: Os erros surgem na discretização de sistemas complexos. São comuns na geração das malhas dos modelos.

No entanto, a imprecisão e a incompatibilidade são um fenómeno esperado. Assim, surgem os estudos sobre métodos de modelação baseados em resultados experimentais, designados por identificação de sistemas. O modelo estudado pode ser paramétrico ou não paramétrico, linear ou não linear.

Ao identificar um modelo paramétrico, uma vez decidida a estrutura do modelo e a ordem do modelo, os parâmetros podem ser estimados. Na dinâmica estrutural, a análise modal experimental é utilizada para a determinação dos dados modais (frequências naturais, formas próprias, massas generalizadas e factores de amortecimento). Na atualização de modelos, são geralmente utilizadas técnicas de processamento em lote para gerar modelos numéricos melhorados, de modo a obter previsões para configurações estruturais modificadas. No entanto, os parâmetros de massa, rigidez e amortecimento no modelo atualizado devem ser fisicamente significativos (Mottershead & Friswell, 1993).

5.1 Critério de garantia modal

Dado que a matriz da função de resposta em frequência contém informações redundantes relativamente a um vetor modal, a estimativa do vetor modal para condições variáveis ou os algoritmos de estimativa dos parâmetros modais tornam-se um valioso fator de confiança na avaliação dos vectores modais experimentais (Allemang, 2003).

A função do critério de garantia modal (MAC) fornece uma medida de consistência (linearidade) entre os vectores modais estimados. O MAC é definido como na Eq. 5.1;

$$MAC_{u,d} = \frac{\left|\{\varphi_i^u\}^T\{\varphi_i^d\}\right|^2}{\{\varphi_i^u\}^T\{\varphi_i^u\}\{\varphi_i^d\}^T\{\varphi_i^d\}}$$

Eq. 5.1

Em que y^u e $(p^d$ são os vectores de forma de dois modelos diferentes. O valor MAC situar-se-á num intervalo de 0 a 1, em que 1 indica uma correspondência de 100% entre os dois vectores de forma.

O critério de garantia modal é maioritariamente utilizado para a validação de resultados experimentais. Da mesma forma, é prático para avaliar a correlação entre modelos experimentais e numéricos. Para este efeito, pode fornecer resultados razoáveis para algoritmos de estimativa de parâmetros modais. Na avaliação de danos e na colocação óptima de sensores, pode ser uma ferramenta útil.

Embora o MAC seja considerado uma ferramenta útil para vários casos, deve salientar-se que, nalguns casos, os resultados podem induzir em interpretações erradas. No caso de ser medido um número limitado de DOF's e se a estrutura não puder ser observada corretamente, os valores elevados do método não podem ser interpretados como uma boa correspondência. No entanto, este método é sensível a grandes magnitudes. Quando as magnitudes mais elevadas têm um efeito dominante nos resultados, os pontos erróneos terão efeitos menores. O mesmo problema pode ocorrer quando o número de pontos de medição não é suficiente ou não está bem distribuído. Para obter melhores resultados, os DOF no vetor modal devem ser excitados de forma igual, o que permitirá ao utilizador escolher pontos de comparação adequados (Allemang J. R., 2003).

5.2 O critério de garantia modal coordenado

Na atualização modal, enquanto as diferenças de frequência podem ser relacionadas com as propriedades básicas do material, como o módulo de elasticidade, as diferenças de valor MAC podem ocorrer devido a definições incorrectas das condições de fronteira ou a definições incompletas da geometria. Os valores COMAC dão a contribuição dos DOF's como uma soma de todas as frequências. À semelhança da medida MAC, os valores que se aproximam de 1 indicam uma elevada coerência dos DOF. O valor COMAC pode ser calculado utilizando a expressão dada na Eq. 5.2. (Allemang, 2003).

$$COMAC_{i,u,d} = \frac{\Sigma_i^n\left|\varphi_{i,j}^u\varphi_{i,j}^d\right|^2}{\Sigma_i^n\left(\varphi_{i,j}^u\right)^2\Sigma_i^n\left(\varphi_{i,j}^d\right)^2}$$

Eq. 5.2

5.3 Diferença modal normalizada

A Diferença Modal Normalizada (NMD) depende dos valores MAC e avalia a diferença de dois vectores de forma modal. A principal diferença em relação ao MAC é que a NMD é mais sensível às diferenças (Eq. 5.3).

$$NMD_{u,d} = \sqrt{\frac{1 - MAC_{u,d}}{MAC_{u,d}}}$$

Eq. 5.3

Quando o valor MAC é inferior a 0,90, os valores NMD darão valores mais elevados, o que significa que a diferença é maior. Mesmo com 0,99 de MAC, a avaliação NMD dará 10% de diferença. Como intervalo de consideração, menos de 33% dos valores NMD (igual ao valor MAC 0,90) podem ser interpretados como uma boa correlação entre as formas próprias (Ramos, 2007). O NMD é definido como;

5.4 Método Douglas-Reid

Uma vez que a atualização modal se baseia na minimização das diferenças entre duas grandezas modais, a escolha dos parâmetros e a definição da combinação adequada de variáveis exige a utilização de algoritmos matemáticos. As variáveis devem ser decididas com critério de engenharia, tendo em conta as secções problemáticas da estrutura e as hipóteses susceptíveis de serem imprecisas. A partir do momento em que o efeito das variáveis converge para a melhor condição de consistência, o modelo pode ser escolhido como modelo "base".

No contexto da otimização de parâmetros, o método Douglas-Reid sugere a utilização da seguinte expressão em função das frequências naturais (Douglas, 1982).

Na Eq. 5.4, *Xk (k=1,2,...,n)* refere-se a variáveis modais desconhecidas. ff^E representa as frequências do modelo numérico. Para satisfazer a expressão e resolver o problema, devem ser calculadas 2n+1 constantes *(A_{jk}, $_{Bj>k}$ e Cj)*.

$$f_j^{FE}(X_1, X_2, \dots, X_k) = C_j + \sum_{k=1}^{n}\left(A_{j,k}X_k + B_{j,k}X_k^2\right)$$

Eq. 5.4

Para calcular os coeficientes, os parâmetros de modificação estrutural X_k, os valores superior $X_k{}^u$ e inferior $X_k{}^L$ que definirão o intervalo de estimativa devem ser decididos com base em critérios de engenharia. Quando esses parâmetros são definidos, as constantes do lado direito da Eq. 5.4 podem ser calculadas satisfazendo a equação com as frequências obtidas para os parâmetros definidos. Assim, obtêm-se as equações acima indicadas;

$$f_j^D\left(X_1{}^b, X_2{}^b, \dots, X_N{}^b\right) = f_j^C\left(X_1{}^b, X_2{}^b, \dots, X_N{}^b\right)$$

$$f_j^D\left(X_1{}^L, X_2{}^b, \dots, X_N{}^b\right) = f_j^C\left(X_1{}^L, X_2{}^b, \dots, X_N{}^b\right)$$

$$f_j^D\left(X_1{}^U, X_2{}^b, \dots, X_N{}^b\right) = f_j^C\left(X_1{}^U, X_2{}^b, \dots, X_N{}^b\right)$$

$$\dots$$

$$f_j^D\left(X_1{}^b, X_2{}^b, \dots, X_N{}^L\right) = f_j^C\left(X_1{}^b, X_2{}^b, \dots, X_N{}^L\right)$$

$$f_j^D\left(X_1{}^b, X_2{}^b, \dots, X_N{}^U\right) = f_j^C\left(X_1{}^b, X_2{}^b, \dots, X_N{}^U\right)$$

Os coeficientes $_{Aj>k}$, $_{Bj>k}$ e Cj são calculados através das equações indicadas. Posteriormente, para a minimização das diferenças de frequências com o modelo experimental, é utilizada a Eq. 5.5.

$$J = \sum_{i=1}^{M} \omega_i \varepsilon_i^2$$

Eq. 5.5

$$= -fi\ QX^D{}_1 ,X X_{2N} \ldots\ldots)Eq.\ 5.6$$

A definição de erro na Eq. 5.6 depende dos erros de frequência. A solução da função objetivo J minimiza apenas os erros de frequência. Além disso, pode obter-se uma formulação mais robusta adicionando vectores de deslocamento modal e curvaturas modais. Dependendo do julgamento da engenharia e do resultado de afinação desejado, as matrizes de ponderação podem ter valores diferentes. Nesse caso, é possível utilizar a função objetivo dada na Eq. 5.7.

$$J = \frac{1}{2}\left[\omega_\omega \sum_{i=1}^{M}\left(\frac{\omega_i{}^2 - \omega_{iexp}{}^2}{\omega_{iexp}{}^2}\right)^2 + \omega_\varphi \sum_{i=1}^{M}\left(\varphi_i - \varphi_{iexp}\right)^2 \right.$$

Eq. 5.7

$$\left. + \omega_{\varphi_i''} \sum_{i=1}^{M}\left(\frac{\varphi_i'' - \varphi_{iexp}''}{\varphi_{iexp}''}\right)^2\right]$$

5.5 Modelo FE da Igreja de S. Torcato

O modelo numérico da igreja de San Torcato construído para a análise estática não linear foi utilizado para a atualização. O modelo foi construído no software iDiana Release 9.3 (TNO, 2008). Só foram modeladas a nave principal, a fachada e as torres, que são as partes problemáticas da estrutura. No contexto da tese, devido à falta de tempo, em vez de completar o modelo, procedeu-se à otimização dos parâmetros do modelo.

O modelo foi construído com elementos sólidos quadráticos de 20 nós CHX60 e com elementos de cunha quadrática de 15 nós CTP45 (Figura 5.1). Os detalhes arquitectónicos foram negligenciados e apenas as partes sólidas estruturais foram modeladas. No total, o modelo tem 3044 elementos sólidos com 3153 DOF.

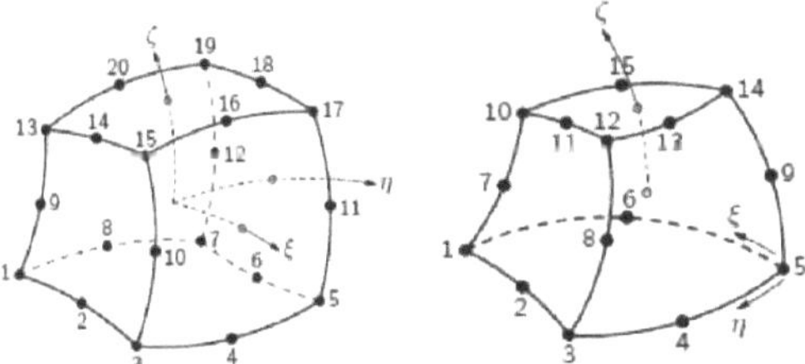

Figura 5.1: a) Elemento de tijolo de 20 nós CHX60 e b) Elementos de cunha de 15 nós CTP45

Para a interação solo-estrutura, foram utilizados elementos de interface quadrilateral de 16 nós CQ48 (Figura 5.2). No primeiro modelo, as propriedades do solo foram definidas como rígidas e os elementos de alvenaria foram considerados homogéneos em todas as partes da estrutura (Figura 5.3).

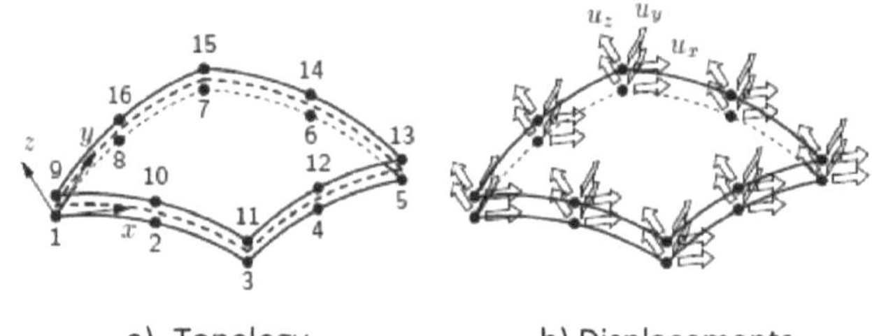

Figura 5.2 : Elementos da interface CQ48I 16 nós

Figura 5.3 : Visualização 3d do modelo numérico

No primeiro modelo, as propriedades detalhadas na Tabela 5.1 foram construídas como propriedades elásticas.

Quadro 5.1 : Propriedades dos materiais da alvenaria

Propriedades da alvenaria	
JOVEM	15 GPa
POISÃO	0.20
DENSIDADE	2,50 ton

5.5.1   Análise modal com fundações rígidas

A primeira análise foi efectuada com os parâmetros mecânicos utilizados na análise estática não linear em (Lourenco, 1999). O modelo foi analisado com o solucionador de problemas de valores próprios no iDiana e as frequências foram obtidas como se mostra na Tabela 5.2.

Tabela 5.2 : Frequências naturais do modelo com fundações rígidas

MODO	FREQUÊNCIA [Hz]
1st	3.60
2.o	4.22
3rd	4.59
4.o	4.74

As primeiras quatro formas próprias são apresentadas na Figura 5.4. O primeiro modo é um modo de translação na direção X. O segundo modo é um modo de translação na direção Y. O terceiro modo apresenta um modo de torção quando o quarto modo apresenta um comportamento oposto das torres (ver Figura 5.4).

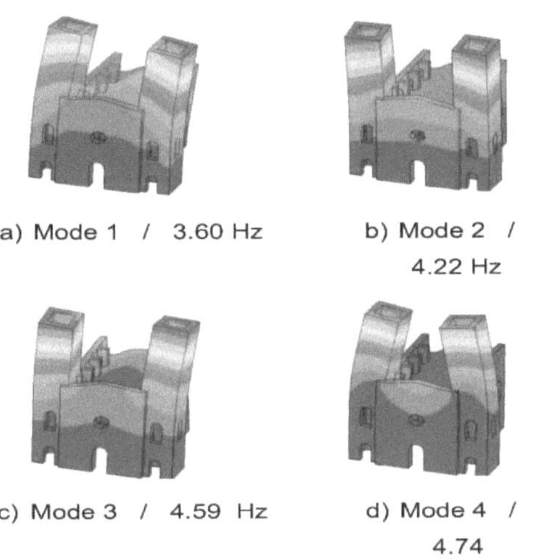

Figura 5.4: Apresentação das formas próprias do modelo numérico

Para a comparação modal dos modos numéricos e experimentais, apenas os primeiros quatro modos foram seleccionados devido à estimativa precisa da análise experimental. A comparação dos resultados da análise numérica experimental apresenta grandes diferenças na comparação da frequência e da forma modal (Tabela 5.3). O erro médio é igual a 63% e os valores MAC são inferiores a 0,84.

Quadro 5.3 : Comparação da frequência e do valor MAC do modelo 1

Modos	Experimental [Hz]	FEM [Hz]	Erro [%]	MAC

		2.14	3.60	68.50	0.83
1st	Transversal (Y)				
2.º	Longitudinal (X)	2.63	4.22	60.66	0.85
3rd	Torção	2.85	4.59	60.71	0.12
4.º	Torção	2.93	4.74	61.70	0.28

Na Figura 5.5 é apresentada uma comparação das frequências e dos valores MAC. No gráfico, a distância dos pontos em relação à linha 45° indica a diferença de frequência, enquanto o tamanho dos pontos indica o rácio dos valores MAC para cada modo. Quando os pontos estão na linha, o modelo numérico tem as mesmas frequências que as frequências experimentais.

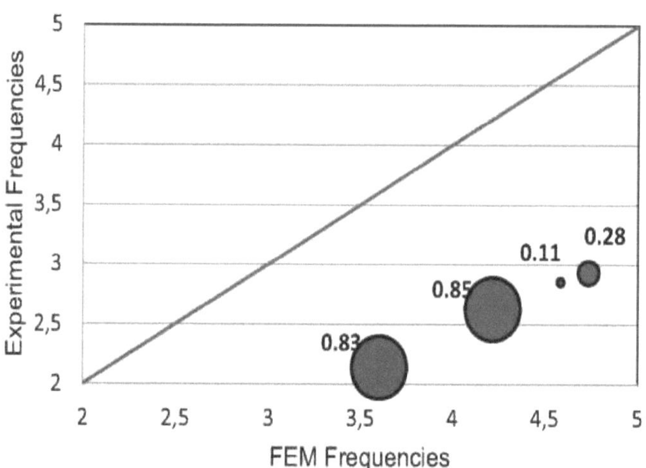

Figura 5.5: Comparação entre a frequência e o valor MAC escalonado do modelo 1

As formas dos modos do modelo numérico e experimental são apresentadas na Figura 5.6 para comparação visual. Os dois primeiros modos translacionais exibem uma consistência com os modelos experimentais, enquanto o terceiro e o quarto não têm qualquer semelhança, mesmo com valores MAC baixos.

	Experimental Model	Finite Element Model
Mode 1	 2.14 Hz	 3.60 Hz
Mode 2	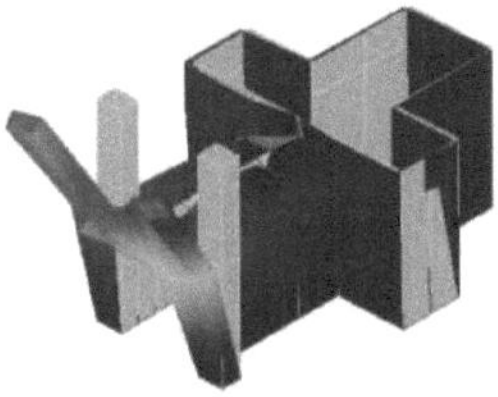 2.63 Hz	 4.22 Hz
Mode 3	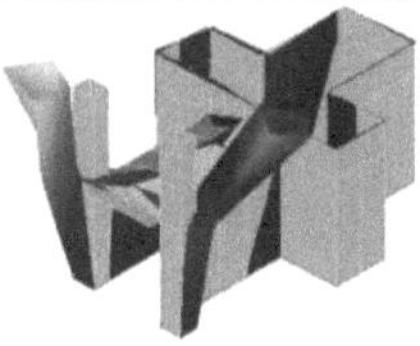 2.85 Hz	 4.59 Hz
Mode 4	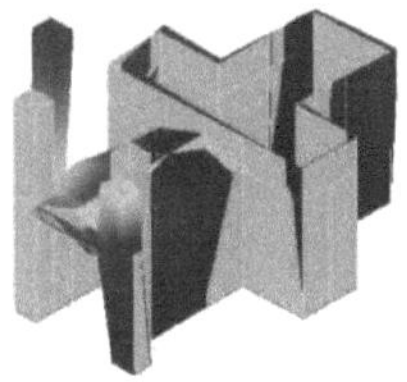 2.93 Hz	 4.74 Hz

Figura 5.6: Comparação da forma própria dos modelos experimental e numérico do modelo 1

De acordo com a sua diferença estrutural, os DOFs são divididos em três grupos: torres, fachada e nave. Este agrupamento permite perceber qual a parte da estrutura que não está em conformidade com o modelo experimental, quer em termos de amplitude quer de forma. Assim, a decisão de modificação torna-se mais fácil.

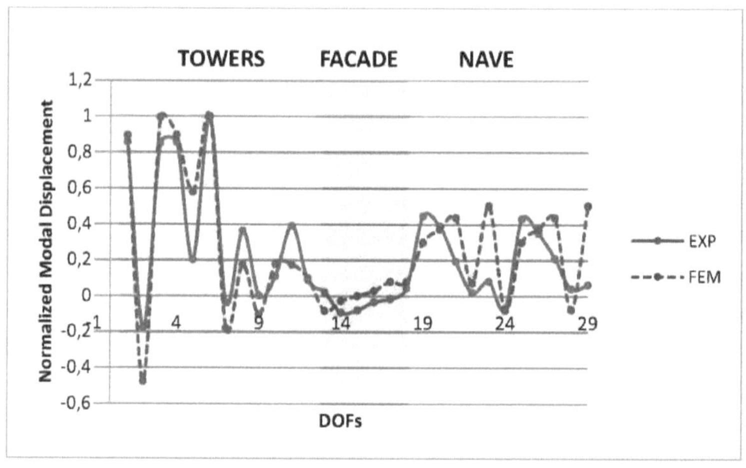

a) Mode 1

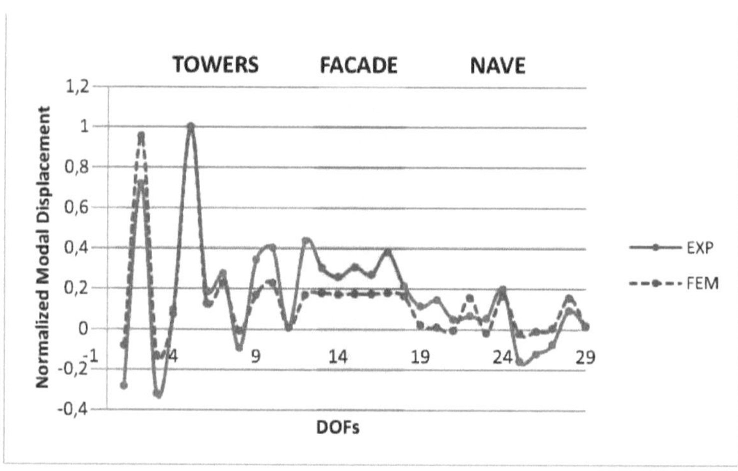

b) Mode 2

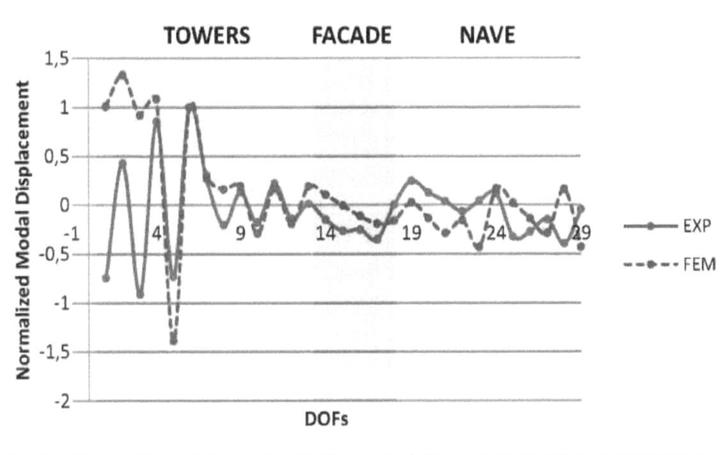

c) Mode 3

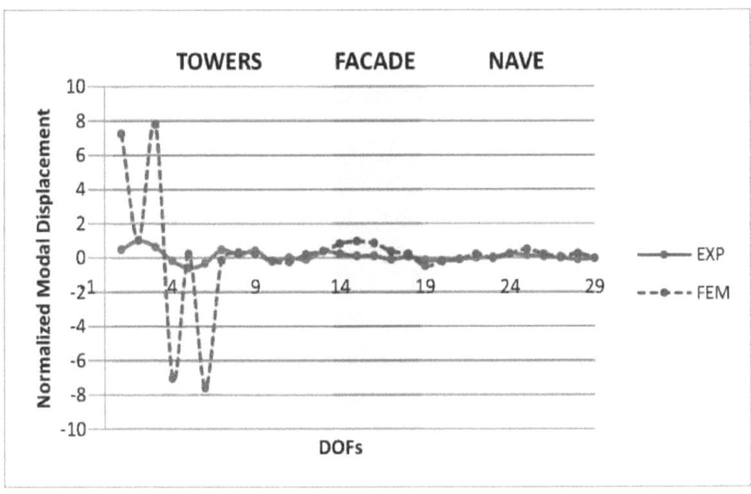

d) Modo 4

Figura 5.7 : Comparações de deslocamentos modais normalizados do
modelo numérico e experimental

5.5.1.1 Redução do módulo de elasticidade

A diferença de frequências entre os dois modelos apresenta valores elevados.
Assumindo que a definição geométrica do modelo está correcta, a origem da diferença
pode ser atribuída a uma estimativa inadequada do módulo de elasticidade da alvenaria.
Assim, o módulo de elasticidade da alvenaria foi diminuído até a diferença de
frequências entre os modelos ser reduzida (Tabela 5.4 e Tabela 5.5Erro! **Reference**

source not found.).

Tabela 5.4: Modelos modificados e comparação de frequências

Passo 1 (10 GPa)			Passo 2 (8 GPa)		Passo 3 (6 GPa)	
Experimental [Hz]	Frequência [Hz]	Erro [%]	Frequência [Hz]	Erro [%]	Frequência [Hz]	Erro [%]
2.14	2.94	37.51	2.63	23.01	2.27	6.17
2.63	3.44	31.05	3.08	17.33	2.66	1.33
2.85	3.74	31.09	3.34	17.07	2.9	1.65
2.93	3.86	31.83	3.45	17.83	2.99	2.12

Embora o erro de frequência tenha sido reduzido com a alteração do módulo de elasticidade do modelo, a garantia da forma MAC permanece a mesma. Partindo do princípio de que a definição geométrica da igreja é fiável, devem ser introduzidas regiões fissuradas.

Tabela 5.5: Comparação de frequências e MAC do modelo modificado

Frequências experimentais [Hz]	Frequências numéricas [Hz]	Erro de frequência [%]	MAC
2.14	2.27	6.17	0.83
2.63	2.66	1.33	0.85
2.85	2.9	1.65	0.12
2.93	2.99	2.12	0.28

5.5.1.2   O modelo com definição de fendas

Tendo em conta a análise anterior, foi escolhido um módulo jovem igual a 6 GPa para o material de alvenaria. Para simular a contribuição da fendilhação, as regiões fissuradas foram com uma diminuição significativa do módulo jovem.

As regiões fissuradas foram definidas de acordo com a avaliação prévia do padrão de fissuras, que foi preparada com a ajuda de métodos fotogramétricos e inspecções visuais considerando as condições reais das fissuras. Para as propriedades da região fissurada, o módulo de elasticidade foi diminuído passo a passo até a contribuição da diminuição não ter efeito nos valores MAC.

a) Padrão de fissuras na fachada e região fissurada no modelo numérico

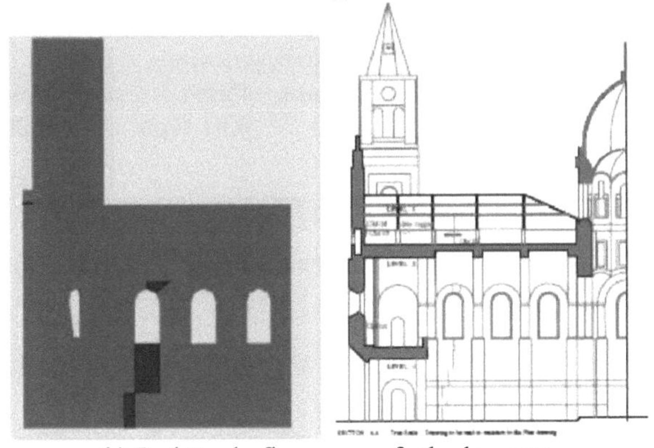

b) Padrão de fissuras na fachada norte

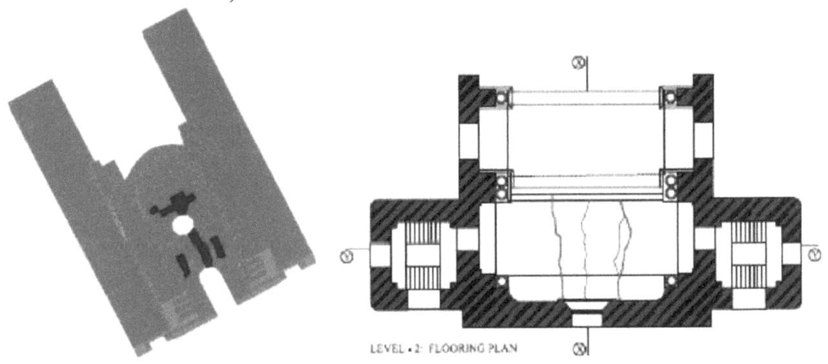

c) Padrão de fendas na varanda

Figura 5.8 : Definição das fissuras do modelo numérico

Tabela 5.6: Propriedades elásticas da região fissurada

	Etapa		
	1Etapa	2 Etapa 3	Etapa 4
Rachado (GPa)		10. 10.	010.001

Após a definição da fissura com várias propriedades elásticas indicadas na Tabela 5.6, foram calculados os valores da frequência e do MAC (ver Tabela 5.7). Como as propriedades elásticas da região fissurada foram diminuídas relativamente ao módulo de elasticidade das paredes de alvenaria, as formas próprias são afectadas significativamente. No entanto, não é possível mencionar uma melhoria. O primeiro passo da modificação causou um aumento do valor médio do MAC (ver Figura 5.9). No entanto, o segundo modo sofreu negativamente com a modificação (Tabela 5.8).

Quadro 5.7 : Frequência e valores MAC dos modelos modificados

	Modelo inicial Sem fissura		Passo 1 $E_{crack}=1$ Gpa		Passo 2 $E_{crack}=$ 0,1 Gpa		Passo 3 $E_{crack}=$ 0,01 Gpa		Passo 4 $E_{crack}=$ 0,001 Gpa	
EXP	Freq.	MA C	Freq.	MAC	Freq.	MAC	Freq.	MAC	Freq.	MAC
2.14	2.27	0.83	2.19	0.89	2.06	0.92	2.02	0.92	2.01	0.92
2.63	2.66	0.85	2.62	0.74	2.55	0.39	2.53	0.31	2.52	0.3
2.85	2.9	0.12	2.74	0.2	2.64	0.28	2.62	0.33	2.55	0.01
2.93	2.99	0.28	2.86	0.3	2.74	0.29	2.71	0.29	2.61	0.06

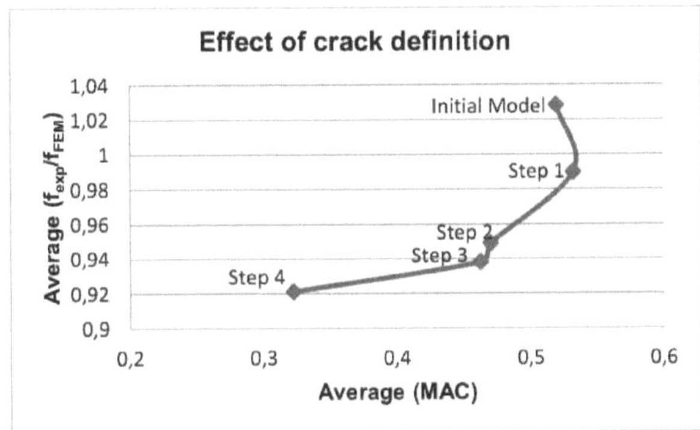

Figura 5.9 : Avaliação da modificação através do rácio de frequência média e do MAC médio

Na Figura 5.10, o efeito da definição da fissura é avaliado apenas para o modo 3rd. O gráfico mostra que, até ao modelo no Passo 4, os valores MAC estão a aumentar.

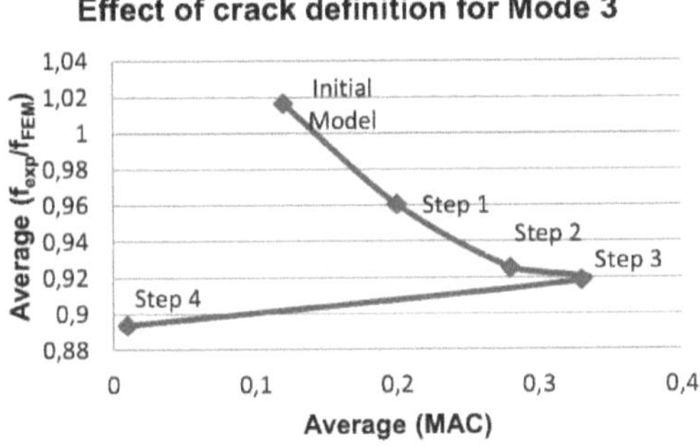

Figura 5.10: Avaliação da modificação através do rácio de frequência média e do MAC médio para o Modo 3

No último ponto, se considerarmos o modelo de base e o último modelo modificado como Passo 3, definição de crack, contribuiu para os valores MAC para Modo1, Modo3 e Modo4. No entanto, a modificação contribuiu para os resultados com diferentes rácios e mesmo no modo 2nd contribuiu negativamente.

Tabela 5.8 : Comparação dos valores MAC antes e depois da definição da fissura

	MAC	
Modos	Modelo inicial	Passo 3
1°	0.83	0.92
2.o	0.85	0.31

| 3rd | 0.12 | 0.33 |
| 4.0 | 0.28 | 0.29 |

Além disso, quando as formas próprias são comparadas, exceto no primeiro modo de translação, não se observa coerência entre os modelos. A Figura 5.11 mostra as formas próprias para o modelo com definição de fissura, em que a forma própria do primeiro modo do modelo numérico é altamente adequada à experimental, mas no segundo e terceiro modos, as torres movem-se independentemente. O quarto modo não é afetado pela modificação. A contribuição mais efectiva da definição de fendas é observada no modo 3rd . No entanto, a correlação das formas dos modos não é aceitável.

Outras fontes de imprecisão serão examinadas em modificações posteriores, tais como as propriedades do solo e o efeito da falta da parte do transepto. É certo que o padrão de fendas tem um efeito estrutural ao formar descontinuidades, mas a forma de simular a fenda não pode ser conseguida através da redução das propriedades elásticas. A utilização de elementos de interface que permitam a definição de diferentes valores de rigidez em diferentes direcções ou a avaliação do efeito da fenda em diferentes condições pode ser uma solução.

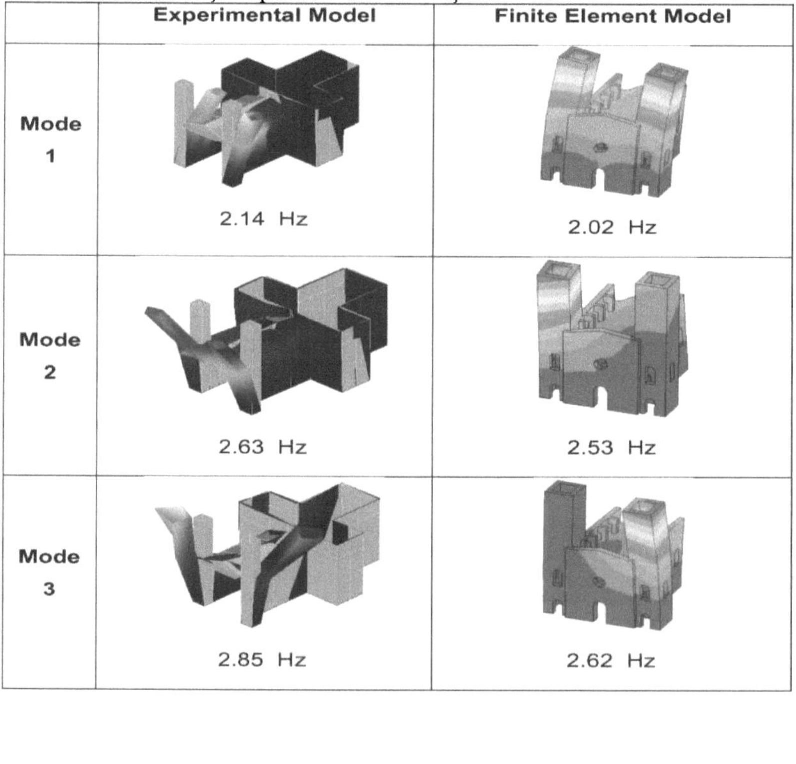

	Experimental Model	Finite Element Model
Mode 1	2.14 Hz	2.02 Hz
Mode 2	2.63 Hz	2.53 Hz
Mode 3	2.85 Hz	2.62 Hz

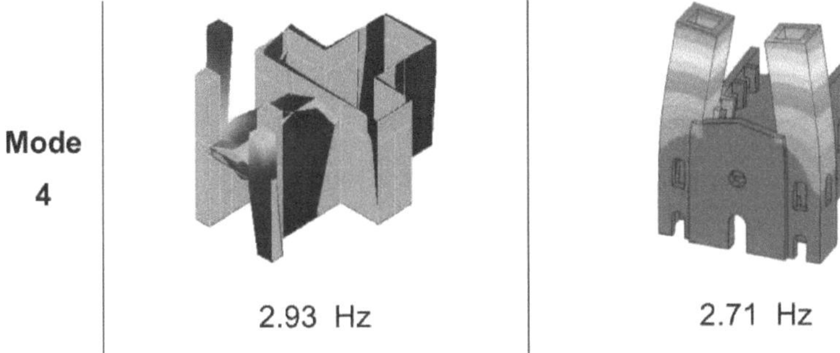

Figura 5.11: Comparação da forma própria do modelo com definição de fenda

5.5.2 Análise modal com fundações elásticas

Após as modificações paramétricas efectuadas no modelo com fundação rígida, foram introduzidas propriedades elásticas do solo para melhor se ajustarem aos resultados experimentais, enquanto os outros parâmetros foram mantidos como no modelo inicial (módulo de elasticidade da alvenaria de 15 GPa). As propriedades do solo são estimadas por investigação in situ (Lourenco & Ramos, 1999). De acordo com os parâmetros de rigidez vertical e horizontal do ensaio do solo, foram definidos os módulos de rigidez normal e transversal para 17 regiões diferentes da fundação (ver Figura 5.12).

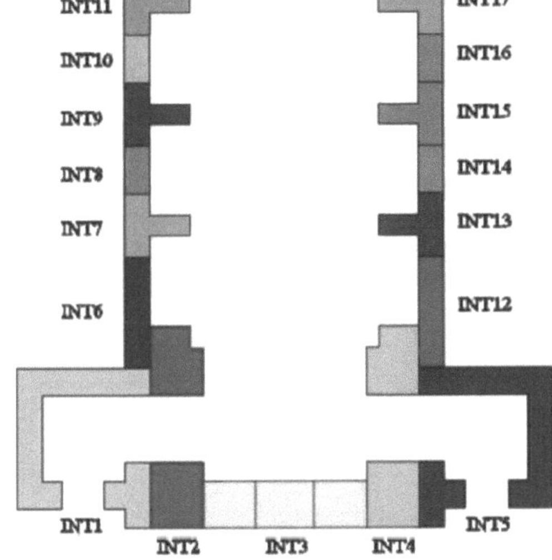

Figura 5.12: Elementos de interface com diferentes propriedades

Tabela 5.9: Propriedades do solo do modelo com fundação elástica

Propriedades do solo [kPa]

	Normal	Transversal		Normal	Transversal
INT 1	3900	1620	INT 10	98530	41050
INT 2	5120	2130	INT 11	84620	35260
INT 3	8430	3510	INT 12	14970	6240
INT 4	6140	2560	INT 13	18210	7590
INT 5	6240	2600	INT 14	42920	1788
INT 6	9360	3900	INT 15	32850	13690
INT 7	19760	8230	INT 16	67530	28140
INT 8	54990	22910	INT 17	56150	23400
INT 9	45650	19020			

Os resultados da análise modal apresentam valores de frequência muito baixos (ver Tabela 5.10). Ao avaliar as formas modais (ver Figura 5.13), observa-se que, devido às baixas propriedades elásticas, o solo não pode simular os resultados experimentais e causar um movimento rígido de toda a estrutura. No entanto, os valores MAC dos dois primeiros modos têm valores mais elevados.

Tabela 5.10 : Estimativas de frequência da análise modal e comparação do MAC com o modelo experimental

Modos		Experimental [Hz]	FEM [Hz]	Erro [%]	MAC
1 [a]	Transversal (Y)	2.14	0.62	70.91	0.86
2.o	Longitudinal (X)	2.63	0.79	69.94	0.71
3rd	Torção	2.85	1.23	56.89	0.07

| 4.o | Torção | 2.93 | 1.92 | 34.43 | 0.02 |

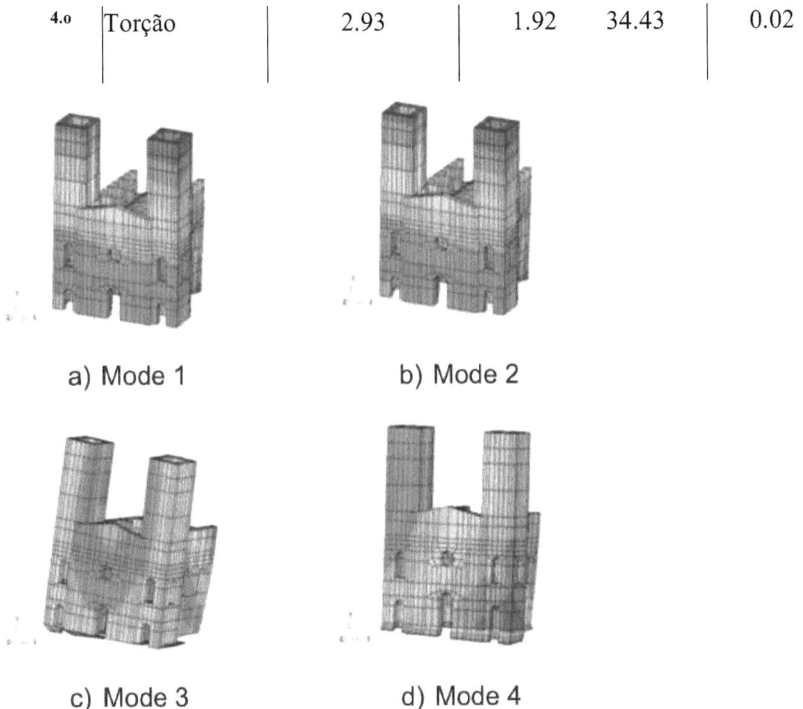

a) Mode 1   b) Mode 2

c) Mode 3   d) Mode 4

Figura 5.13: Formas próprias do modelo 2

5.5.2.1 Aumento das propriedades elásticas das fundações

Devido à baixa frequência e aos resultados do valor MAC da análise anterior, as propriedades do solo foram aumentadas até a contribuição ser nula nos valores MAC (ver Figura 5.14). Quando as propriedades elásticas foram aumentadas, o rácio da rigidez normal e de corte em cada elemento de interface e o rácio entre as zonas foram mantidos constantes. As propriedades elásticas foram multiplicadas por um número inteiro de 10, como indicado na Tabela 5.11.

Tabela 5.11: Parâmetros de modificação das propriedades do solo

Parâmetros de modificação

	Passo 1	Passo 2	Passo 3
Rácio de multiplicação	10	100	1000

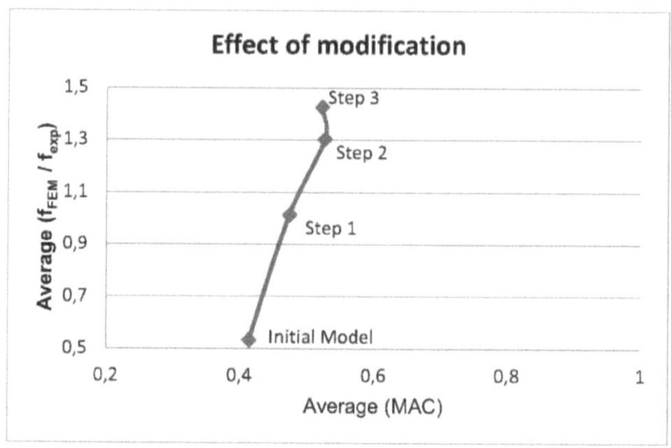

Figura 5.14: Efeito do aumento das propriedades elásticas do solo

Tabela 5.12 : Comparação da frequência e do valor MAC dos modelos modificados

	Modelo inicial		Passo 1		Passo 2		Passo 3	
	Frequência	MAC	Frequência	MAC	Frequência	MAC	Frequência	MAC
EXP								
2.14	0.626	0.8	1.353	0.8	2.555	0.8	3.394	0.8
2.63	0.791	0.7	2.152	0.8	3.626	0.8	4.115	0.8
2.85	1.237	0.0	2.779	0.0	4.102	0.1	4.491	0.1
2.93	1.922	0.0	4.384	0.1	4.607	0.2	4.718	0.2

Após o aumento das propriedades do solo, observa-se uma melhoria dos valores MAC para cada modo, exceto para o modo 1st . No entanto, a diferença de frequência é superior ao intervalo aceitável (Tabela 5.13), pelo que o módulo de elasticidade do modelo foi reduzido para 10 GPa. A comparação da frequência e do MAC do modelo modificado é apresentada na Tabela 5.13.

Tabela 5.13: Comparação da frequência e da forma própria do modelo modificado com o modelo experimental

Modos		Experimental [Hz]	MEF [Hz]	Erro [%]	MAC
1 ᵃ	Transversal (Y)	2.138	2.25	5.24	0.85
2.0	Longitudinal (X) ʷ	2.625	3.08	17.33	0.86
3rd	Torção	2.853	3.44	20.57	0.12
4.0	Torção	2.928	3.78	29.10	0.27

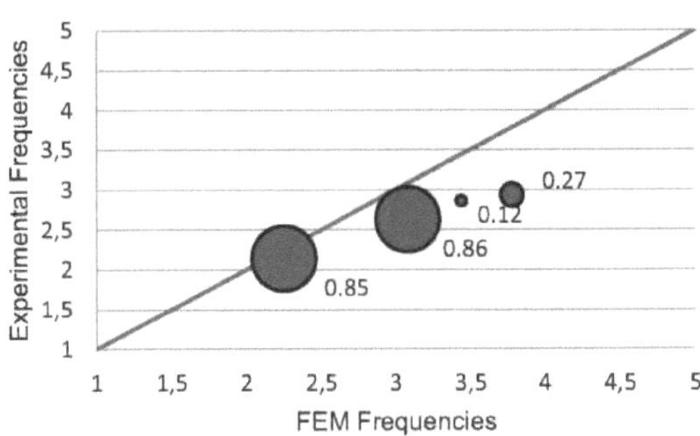

Figura 5.15: Comparação entre o modelo experimental e o modelo numérico do modelo modificado

A contribuição da modificação em relação ao primeiro modelo é apresentada no quadro
5.14. Observa-se uma contribuição relativamente elevada no modo 3rd e 4th .

Quadro 5.14: Contribuição da modificação do MAC para o modelo

	MAC	
Modos	Modelo inicial	Passo 2
1 ᵃ	0.86	0.85
2nd	0.71	0.86
3rd	0.07	0.12
4th	0.02	0.27

A comparação das formas próprias do modelo experimental e do modelo numérico é apresentada na Figura 5.16. As formas do primeiro e do segundo modo são muito consistentes, como indicam os valores MAC. Embora os valores MAC da terceira e quarta formas próprias sejam muito baixos, a comparação visual das formas próprias mostra que os comportamentos gerais são semelhantes, mas as amplitudes são menores e não há efeitos de torção devido a parâmetros de modelação inadequados.

	Experimental Model	**Finite Element Model**
Mode 1	2.14 Hz	2.25 Hz
Mode 2	2.63 Hz	3.08 Hz
Mode 3	2.85 Hz	3.44 Hz

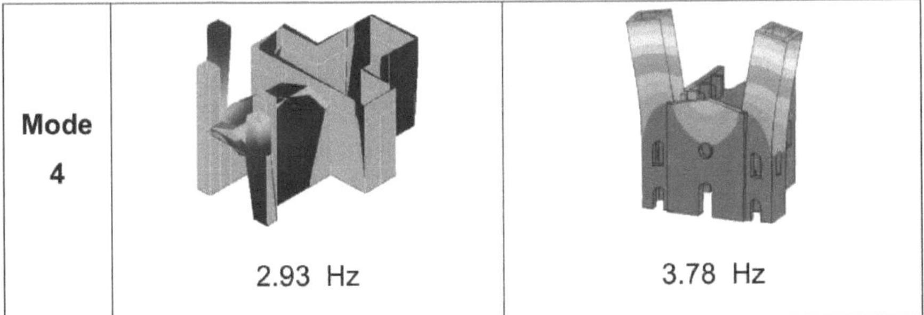

<table>
<tr><td rowspan="2">Mode
4</td><td></td><td></td></tr>
<tr><td>2.93 Hz</td><td>3.78 Hz</td></tr>
</table>

Figura 5.16 : Comparação das formas próprias do modelo com o modelo experimental

5.5.2.2 Simulação de transepto

Ao aumentar as propriedades do solo, a coerência entre os dois modelos melhorou. A outra inadequação importante do modelo é o facto de o transepto e a abside da igreja estarem incompletos. Devido à falta de tempo, a parte da igreja que faltava não pôde ser construída. Em vez disso, foram acrescentados elementos de interface. Os elementos de interface foram definidos na extremidade da parte em falta, onde as paredes da nave intersectam o transepto, ver Figura 5.17. O módulo de elasticidade da alvenaria foi definido como 10 GPa.

Figura 5.17: Elementos de interface definidos no bordo da peça em falta

A borda livre dos elementos de interface foi restringida em três direcções. A rigidez normal e de corte dos elementos foi definida com propriedades elásticas elevadas, de modo a iniciar os ensaios com uma ligação rígida. O efeito da variação da rigidez foi estudado um a um. Os parâmetros de atualização são apresentados no Quadro 5.15 em unidades kPa.

Quadro 5.15: Parâmetros de modificação dos elementos de interface

Alterações

	Normal [kPa]	Transversal [kPa]

Alterações

Passo 1	1.00 E10	1.00 E10
Passo 2	1.00 E8	1.00 E10
Passo 3	1.00 E6	1.00 E10
Passo 4	1.00 E4	1.00 E10
Passo 5	1.00 E2	1.00 E10

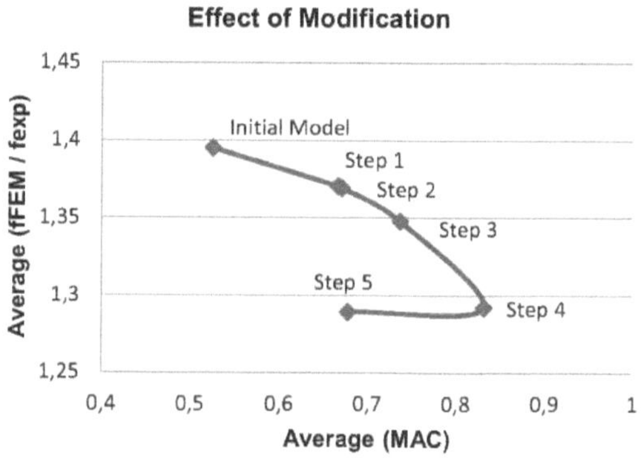

Figura 5.18 : Efeito da modificação do rácio de frequência e dos valores MAC médios do modelo

Apenas a rigidez normal da modificação foi reduzida. Como se pode ver na Figura 2.1, quando a ligação é mais flexível na direção longitudinal da nave, o erro de frequência é reduzido e os valores MAC aumentam. Devido à queda significativa do valor MAC com as modificações no Passo 5, o modelo no Passo 4 foi escolhido para mais modificações.

Tabela 5.16 : Frequência e valor MAC de cada modelo modificado

Modelo inicial		Etapa 1 Rígido		Passo 2 100 GPa		Passo 3 1 GPa		Passo 4 10 MPa		Passo 5 100 KPa	
EX P	Fre q.	MA C	Fre q.	MA C	Fre q.	MA C	Fre q.	MA C	Fre q.	MA C	Fre q.	MA C
2.1		0.8		0.9		0.9		0.9		0.9		0.9
4	2.55	5	2.93	1	2.92	1	2.86	2	2.78	2	2.78	2

2.6		0.8		0.4		0.4		0.6		0.8		0.2
3	3.62	6	3.70	1	3.70	2	3.64	4	3.27	6	3.24	2
2.8		0.1		0.6		0.6		0.7		0.8		0.8
5	4.10	2	3.90	0	3.90	0	3.84	0	3.78	1	3.78	1
2.9		0.2		0.7		0.7		0.6		0.7		0.7
3	4.60	7	3.91	4	3.91	5	3.87	8	3.80	5	3.80	5

Tabela 5.17: Comparação da frequência e da forma própria do modelo modificado com o modelo experimental

	Modos	Experimental [Hz]	FEM [Hz]	Erro [%]	MAC
1 [a]	Transversal (Y)	2.138	2.78	30.03	0.92
2.0	Longitudinal (X) ~	2.625	3.27	24.57	0.86
3rd	Torisonal	2.853	3.78	32.49	0.81
4.0	Torção	2.928	3.80	29.78	0.75

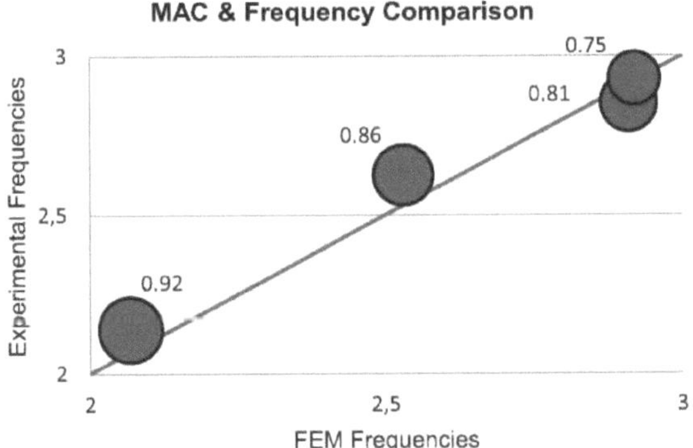

Figura 5.19 : Apresentação da frequência versus valor MAC do modelo modificado no Passo 4

Quando se comparam o modelo de base antes das modificações e o último modelo, é evidente a grande melhoria do modo 3rd e 4th , embora se observe uma pequena melhoria no modo 1st (ver Quadro 5.18).

Tabela 5.18 : Contribuição das alterações nos valores MAC para o modelo

MAC

Modos	Modelo inicial	Passo 4
1ª	0.85	0.92
2.º	0.86	0.86
3ʳᵈ	0.12	0.81
4.º	0.27	0.75

Quando as formas próprias indicadas na Figura 5.20 são examinadas, observa-se um movimento semelhante dos DOF. A diferença entre o modelo experimental e o modelo numérico pode estar relacionada com diferenças de magnitude e algumas diferenças locais dos DOFs medidos. Na forma do quarto modo, os movimentos opostos das torres são consistentes com o modo experimental, mas verifica-se que as torres no modo experimental têm mais efeito de torção.

	Experimental Model	**Finite Element Model**
Mode 1	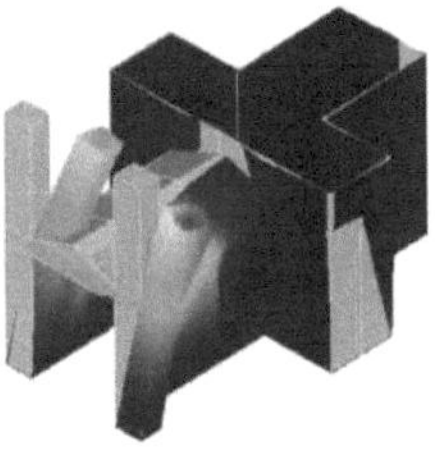 2.14 Hz	 2.78 Hz
Mode 2	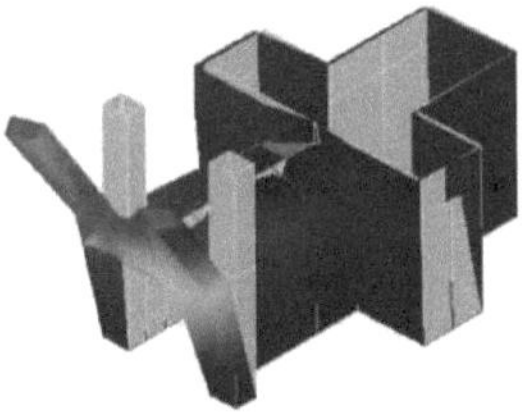 2.63 Hz	 3.27 Hz
Mode 3	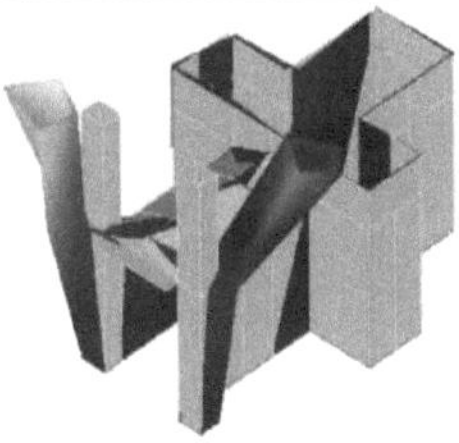 2.85 Hz	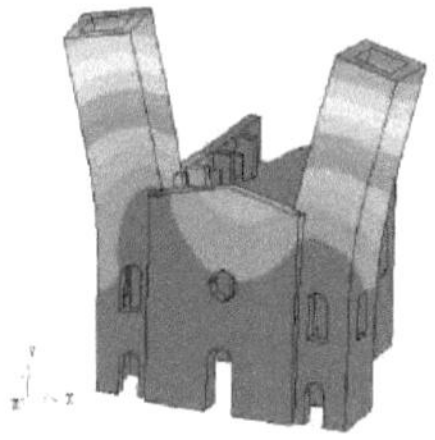 3.78 Hz
Mode 4	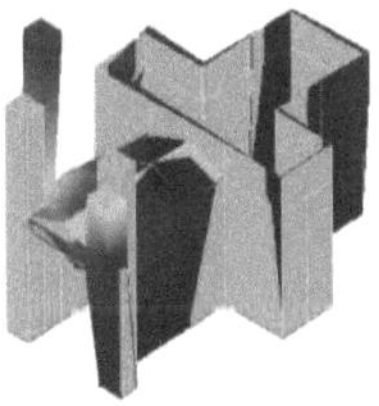 2.93 Hz	 3.80 Hz

Figura 5.20 : Comparação das formas próprias do modelo da etapa 4 com o modelo experimental

Os elementos de interface, que são definidos para simular a parte em falta da estrutura, têm duas propriedades de rigidez para as direcções normal e de corte. O efeito da alteração da rigidez na direção normal foi estudado anteriormente. Nesta etapa, será estudado o efeito da propriedade de rigidez no plano de cisalhamento. O modelo que apresenta o melhor desempenho nas modificações anteriores é escolhido como modelo de base. Ao manter constante a propriedade de rigidez na direção normal, a rigidez ao corte foi modificada como indicado no Quadro 5.19.

Quadro 5.19 : Parâmetros de modificação dos elementos de interface

	Rigidez normal [kPa]	Rigidez de corte [kPa]
Inicial		
Modelo	1.00 E4	1.00 E10
Passo 1	1.00 E4	1.00 E8
Passo 2	1.00 E4	1.00 E7
Passo 3	1.00 E4	1.00 E6

Na Figura 5.21, o efeito da redução da rigidez de corte mostra que a melhoria do valor médio do MAC numa gama muito estreita e também a contribuição para o rácio de frequência é muito baixa. No entanto, como o modelo com melhor desempenho na etapa 2 é escolhido como modelo de base para a decisão paramétrica. Nas etapas anteriores, a contribuição das alterações foi examinada linearmente, mas este método evita o estudo do efeito combinado de diferentes alterações de parâmetros. Assim, uma relação não linear dos parâmetros escolhidos será estudada em secções posteriores.

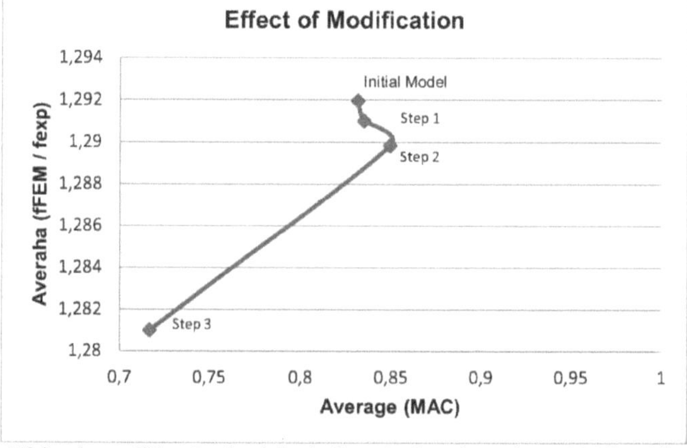

Figura 5.21: Efeito da modificação do rácio de frequência e dos valores MAC médios do modelo
Como se pode ver na Tabela 5.20, o modo 2 e o modo 3 sofreram uma pequena melhoria nos valores MAC, mas a diferença de frequência continua a ser maior. Para

reduzir a diferença de frequência, deve ser estudada uma relação não linear das modificações. A comparação do modelo modificado com o modelo experimental é apresentada na Tabela 5.21 e a contribuição das modificações em Tabela 5.22.

Tabela 5.20 : Frequência e valor MAC de cada modelo modificado

	Modelo inicial	Passo 1 100 GPa	Passo 2 10 GPa	Passo 3 10 GPa
EXP	Freq. MAC	Freq. MAC	Freq. MAC	Freq. MAC
2.14	2.78 0.92	2.78 0.92	2.77 0.92	2.75 0.93
2.63	3.27 0.86	3.26 0.86	3.26 0.86	3.21 0.85
2.85	3.78 0.81	3.78 0.81	3.78 0.84	3.77 0.61
2.93	3.80 0.75	3.80 0.75	3.80 0.78	3.79 0.48

Tabela 5.21: Comparação da frequência e da forma própria do modelo modificado com o modelo experimental

	Modos	Experimental [Hz]	FEM [Hz]	Erro [%]	MAC
1°	Transversal (Y)	2.14	2.77	29.56	0.92
2.o	Longitudinal (X) ʷ	2.63	3.26	24.19	0.86
3rd	Torção	2.85	3.78	32.49	0.84
4.o	Torção	2.93	3.80	29.78	0.78

Quadro 5.22 : Contribuição do valor MAC das modificações para o modelo na etapa 2

	MAC	
Modos	Modelo inicial	Passo 2
1 ª	0.92	0.92
2nd	0.86	0.86
3rd	0.81	0.84

| 4th | 0.75 | 0.78 |

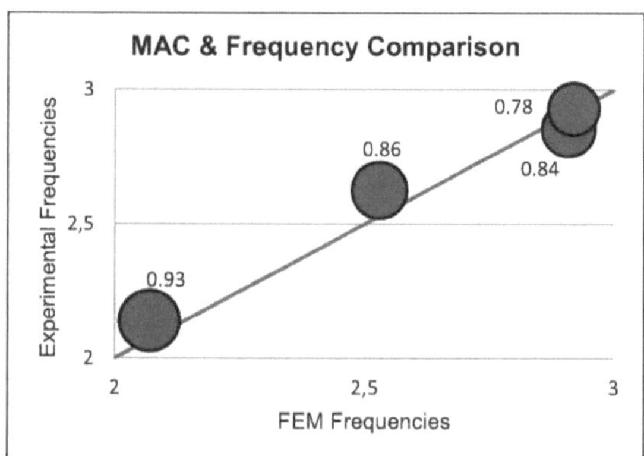

Figura 5.22 : Apresentação da frequência versus valor MAC do modelo modificado

Como se pode ver em

Na Tabela **5.22** e na Figura 5.22, os valores MAC são aumentados pelas modificações e a diferença de frequência é reduzida ao dar um módulo de elasticidade mais baixo para a alvenaria. No entanto, o erro de frequência é elevado, com cerca de 30%.

Quando as formas próprias são examinadas, como é provado por valores MAC razoáveis, apresentam uma elevada coerência com o modelo experimental. A correlação incorrecta na análise anterior do terceiro e quarto modos dá respostas semelhantes.

Tendo em conta a frequência e o desempenho do valor MAC, foi escolhido o modelo do passo 2. Embora o efeito dos parâmetros de modificação tenha sido estudado, para encontrar o efeito combinado e a otimização, será aplicado o método Douglas-Reid.

	Experimental Model	Finite Element Model
Mode 1	2.14 Hz	2.77 Hz
Mode 2	2.63 Hz	3.26 Hz

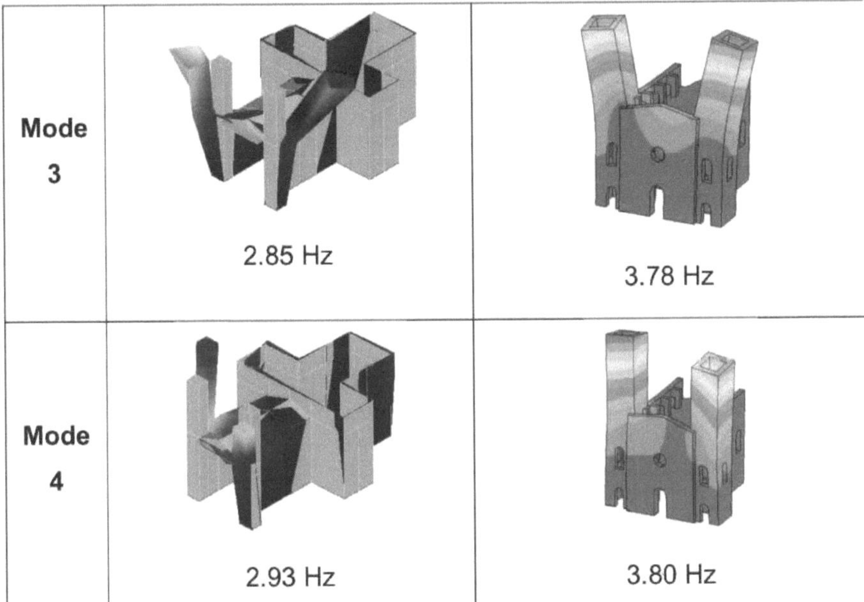

Figura 5.23: Comparação da forma própria do modelo da etapa 2 com o modelo experimental

5.5.3 Atualização modal robusta do modelo selecionado

O modelo com as últimas modificações é escolhido como o modelo com melhor desempenho para a otimização da frequência (Tabela 5.23). Para minimizar os resíduos e estudar a contribuição de cada parâmetro de atualização, foi aplicado o método Douglas-Reid a este modelo.

Tabela 5.23: Propriedades iniciais do modelo modificado antes da otimização

Propriedades do solo [kPa]

| | | | | **Normal** | **Cisalhamento** | | **Normal** | **Cisalha** |
| | | | | **Rigidez** | **Rigidez** | | **Rigidez** | **Rigidez** |

Propriedades da alvenaria   **Rigidez Rigidez**

Propriedades da alvenaria		GP	INT	39000	16200	INT	98530	41050
JOVEM	10 a		**1**	0	0	**10**	00	00
			INT	51200	21300	INT	84620	35260
POISON	0.2		**2**	0	0	**11**	00	00
			INT	84300	35100	INT	14970	62400
DENSIDADE	2,5 toneladas		**3**	0	0	**12**	00 0	

Elementos de interface		INT 4	614000	256000	INT 13	1821000	759000
Normal Rigidez	**Cisalhamento Rigidez**	INT 5	624000	260000	INT 14	4292000	178800
1 MPa	10 GPa	INT 6	936000	390000	INT 15	3285000	1369000
		INT 7	1976000	823000	INT 16	6753000	2814000
		INT 8	5499000	2291000	INT 17	5615000	2340000
		INT 9	4565000	1902000			

Para a sintonização de frequências Douglas-Reid, as variáveis definidas para os casos de base, inferior e superior são apresentadas em Tabela 5.24. Essas variáveis foram utilizadas para obter as equações apresentadas na Secção 5.4. Os limites superior e inferior foram definidos de acordo com a análise anterior. Quando os parâmetros de limite do solo foram definidos, INT 1 foi escolhido como o valor base. De acordo com a modificação deste parâmetro, as outras propriedades do solo foram modificadas, mantendo constante o rácio dos elementos.

Tabela 5.24 : Propriedades dos limites superior e inferior variáveis

Atualização de variáveis	Nome	Base (b)	Inferior (baixo)	Superior (upr)	Unidade
1	Maçonaria	10	4	15	GPa
2	Esoil E-IntNormal	0.39	0.039	3.9	GPa
3		0.01	0.001	0.1	GPa
4	Rigidez E-IntShear Rigidez	10	1	100	GPa

Cada modelo com as propriedades listadas acima foi resolvido; as frequências e os valores MAC foram obtidos conforme indicado na Tabela 5.25. Os valores "F" representam as frequências e os valores "M" os resultados MAC para diferentes combinações do modelo de base.

Tabela 5.25: Frequências dos modelos para cada variável [Hz]

Combinações	F1	F2	F3	F4	M1	M2	M3	M4
(1b,2b,3b,4b)	2.775	3.255	3.783	3.795	0.92	0.86	0.84	0.78
(1low,2b,3b,4b)	1.907	2.167	2.419	2.440	0.91	0.85	0.72	0.60
(1upr,2b,3b,4b)	3.234	3.858	4.593	4.612	0.92	0.85	0.62	0.49
(1b,2low,3b,4b)	2.772	3.235	3.782	3.794	0.92	0.85	0.85	0.79
(1b,2upr,3b,4b)	3.201	3.501	3.856	3.915	0.90	0.85	0.71	0.58
(1b,2b,3low,4b)	2.772	3.234	3.782	3.793	0.92	0.85	0.85	0.78
(1b,2b,3upr,4b)	2.793	3.396	3.791	3.810	0.92	0.86	0.79	0.73
(1b,2b,3b,4low)	2.751	3.215	3.773	3.785	0.93	0.85	0.60	0.48
(1b,2b,3b,4upr)	2.779	3.264	3.784	3.799	0.92	0.86	0.81	0.75

As soluções não lineares das equações foram calculadas pelo software de resolução numérica GAMS (GAMS, 2002), o que permitiu estimar os parâmetros óptimos apresentados na Tabela 5.26.

Quadro 5.26 : Estimativa não linear dos parâmetros óptimos de modificação

Variáveis	Nome	Ótimo	Unidade
1º	Maçonaria	5.642	GPa
2.o	Esoil E-IntNormal	0.629	GPa
3rd		0.046	GPa
4.o	Rigidez E-IntShear Rigidez	21.591	GPa

Quando o modelo é resolvido com parâmetros óptimos, a diferença de frequência dos modelos foi reduzida significativamente, mas foi observada uma diminuição dos valores MAC.

Tabela 5.27 : Comparação do modelo modificado com Douglas-Reid

Modos	Experimental [Hz]	FEM [Hz]	Erro [%]	MAC

1 [a]	Transversal (Y)	2.14	2.29	7.11	0.91
2.o	Longitudinal (X)	2.63	2.63	0.19	0.85
3rd	Torção	2.85	2.88	0.95	0.72
4.o	Torção	2.93	2.91	0.61	0.60

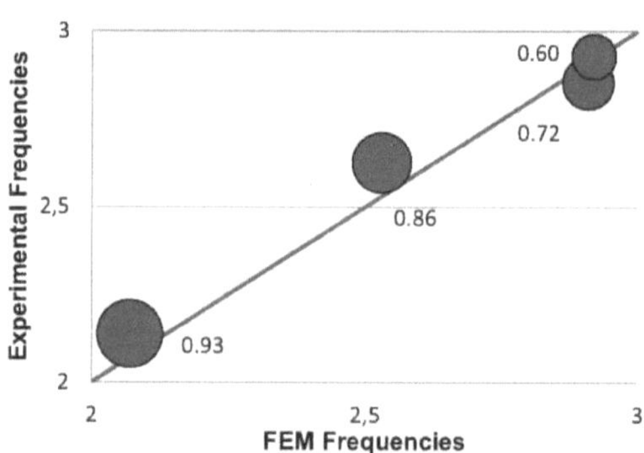

Figura 5.24 : Apresentação da frequência versus valor MAC do modelo modificado com o método Douglas-Reid

O procedimento foi repetido com as mesmas combinações, mas alterando apenas o fator de ponderação do erro MAC que ocorre na função objetivo. Quando o fator de ponderação das frequências é "1", os erros MAC foram multiplicados por "1,2", a fim de aumentar a sensibilidade MAC do método.

Ao alterar o fator de ponderação do MAC, observa-se um aumento razoável, especialmente no terceiro e quarto modos. Embora o erro de frequência para o segundo e terceiro modos aumente, a distribuição do erro de frequência é melhor do que a do modelo anterior (ver Quadro 5.28).

Tabela 5.28 : Comparação da frequência e do valor MAC do modelo modificado

Modos		**Experimental [Hz]**	**FEM [Hz]**	**Erro [%]**	**MAC**
1 [a]	Transversal (Y)	2.14	2.14	0.09	0.92
2.o	Longitudinal (X)	2.63	2.55	2.86	0.86
3rd	Torção	2.85	2.93	2.70	0.83

| 4.o | Torção | | 2.93 | 2.94 | 0.41 | 0.77 |

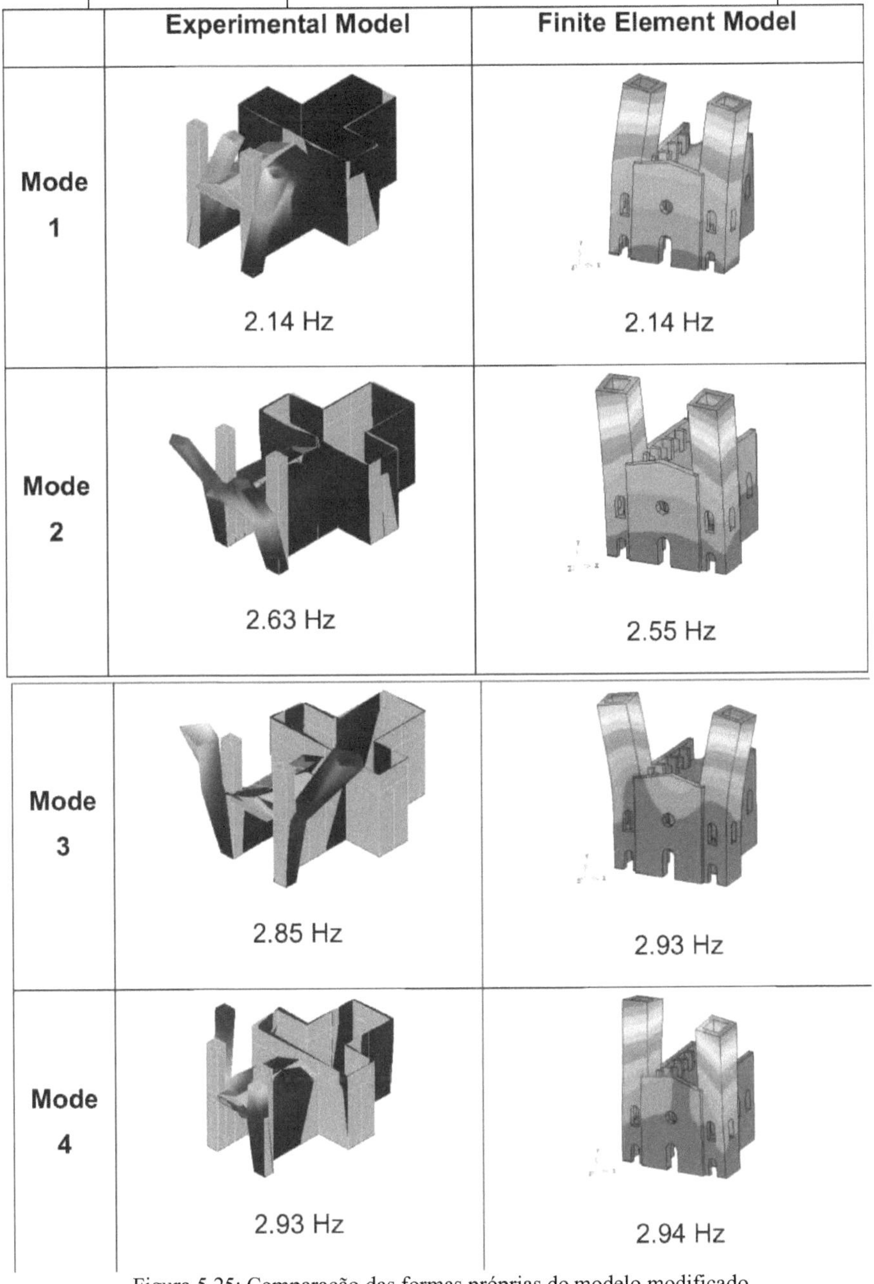

	Experimental Model	Finite Element Model
Mode 1	2.14 Hz	2.14 Hz
Mode 2	2.63 Hz	2.55 Hz
Mode 3	2.85 Hz	2.93 Hz
Mode 4	2.93 Hz	2.94 Hz

Figura 5.25: Comparação das formas próprias do modelo modificado

As formas próprias do modelo modificado apresentam uma elevada consistência com as formas próprias experimentais. No primeiro e segundo modos de forma, que são modos translacionais, não se observam diferenças significativas entre os modelos. A forma do terceiro modo do modelo numérico apresenta um comportamento semelhante ao do modelo experimental, mas quando se examina a torre norte, verifica-se que o efeito de torção é superior ao do modelo numérico. O quarto modo de forma das torres também apresenta um comportamento semelhante, mas a razão de ter valores MAC baixos pode estar relacionada com as amplitudes dos DOF's e devido à falta de simulação de danos na fachada, a contribuição negativa desta parte.

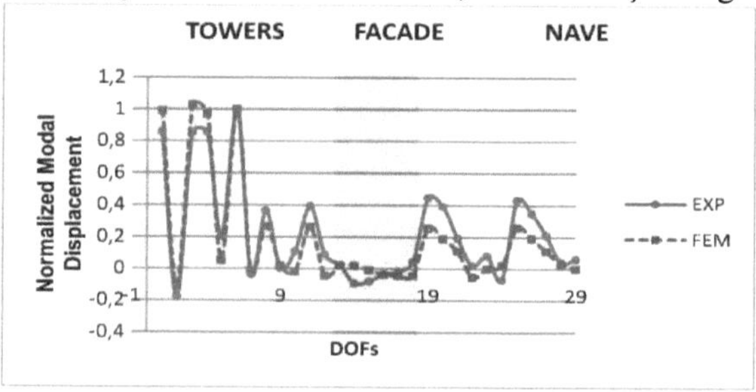

a) Mode 1

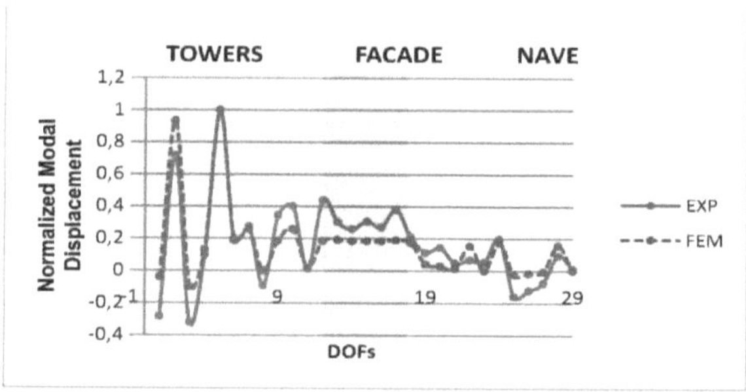

b) Mode 2

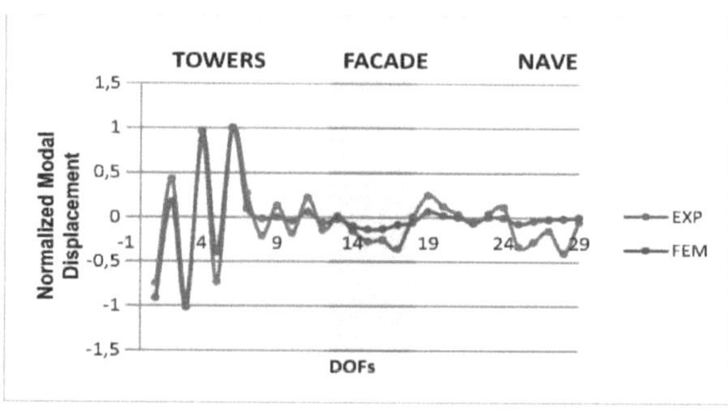

c) Mode 3

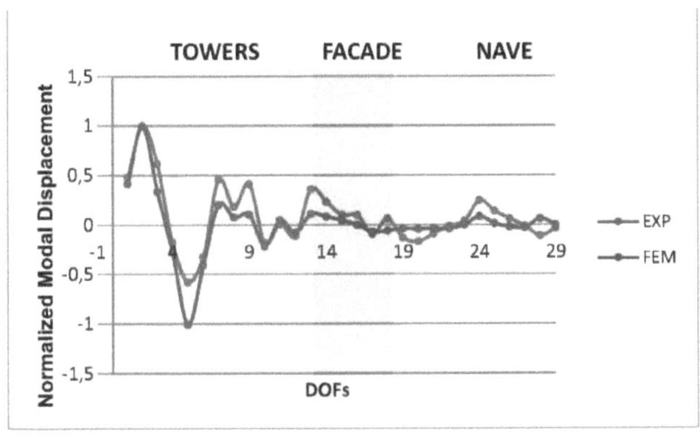

d) Mode 4

Figura 5.26 : Comparação do deslocamento modal normalizado de cada DOF para formas próprias

A comparação dos deslocamentos modais normalizados de cada DOF pode ser vista na Figura 5.26. Como se pode ver nos gráficos, o comportamento mais sincronizado das formas modais é observado nas torres. A fonte da diferença é principalmente a magnitude. Embora se observem pequenas diferenças, os DOF na nave seguem a forma modal principalmente nos dois primeiros modos. Os DOFs na fachada, que é a parte mais danificada da estrutura, apresentam irregularidades. Quando os DOFs do modelo numérico seguem uma forma linear, devido a danos significativos, observam-se movimentos irregulares no modelo experimental.

Após processos de otimização robustos, foi estudado o efeito da região fendilhada. A região fendilhada foi simulada diminuindo o módulo de elasticidade da peça danificada com as propriedades indicadas em
Tabela 5.29.

Tabela 5.29 : Parâmetros de modificação da região fissurada

	Alterações
	Ecrack
Passo 1	5 GPa
Passo 2	4 GPa
Passo 3	3 GPa
Passo 4	2 GPa
Passo 5	1 GPa

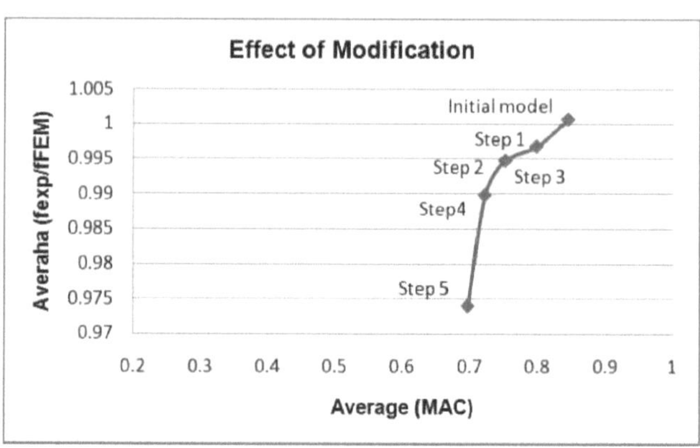

Figura 5.27 : Efeito da definição da fenda no erro de frequência versus MAC médio

Como se pode ver na Figura 5.27, ao diminuir as propriedades elásticas da região fendilhada, o erro de frequência aumenta e os valores MAC diminuem. Devido à contribuição negativa da definição da fissura, o modelo inicial, que foi ajustado com o método Douglas-Reid, é escolhido como modelo final.
Para avaliar o modelo final com um critério diferente, são também calculados os valores NMD (**Erro! Fonte de referência não encontrada.** e Tabela 5.30).

Tabela 5.30: Valores NMD do modelo modificado

	MAC	NMD
Modo 1	0.92	0.29
Modo 2	0.86	0.41
Modo 3	0.83	0.46
Modo 4	0.77	0.54

Embora, através dos resultados dos valores de frequência e MAC, o modelo final atualizado dê resultados satisfatórios, os valores de NMD, que são mais sensíveis aos valores das diferenças, apresentam valores elevados. De acordo com a expressão, quanto mais os valores de NMD aumentam, maior é a diferença entre as formas próprias. Assim, à exceção da primeira forma própria do modelo atualizado, as diferenças entre as formas próprias são muito elevadas (ver Tabela 5.30).

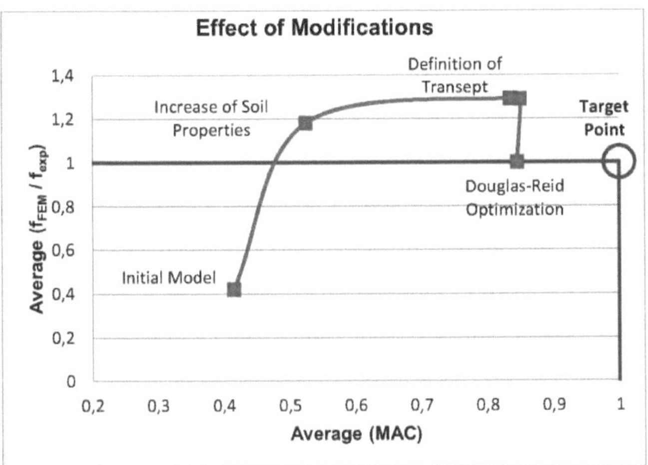

Figura 5.28: Modelo inicial sem modificações e o efeito de cada etapa de modificação

Na Figura 5.28, a partir do modelo inicial, o efeito de todas as modificações é representado através da relação de frequência e dos valores MAC. O ponto final apresenta uma elevada contribuição das modificações relativamente ao ponto de partida. No entanto, a avaliação dos resultados e o facto de ainda se estar longe do ponto-alvo, que se pretende que seja "1" para os valores MAC e "1" para os rácios de frequência, indica a necessidade de outras modificações. As possíveis razões da baixa consistência e as recomendações para um modelo melhor serão discutidas na conclusão.

CONCLUSÕES E RECOMENDAÇÕES

A campanha de identificação experimental na Igreja de San Torcato foi iniciada em 29 de abril de 2009 e concluída em 26 de maio com várias medições. Em primeiro lugar, foi efectuada a identificação dinâmica de toda a estrutura. Nas experiências, as vibrações ambientais foram registadas com 10 acelerómetros piezoeléctricos e, adicionalmente, foram efectuados ensaios de excitação com martelo e medições do solo em três eixos. O sistema de aquisição de dados foi instalado na nave principal, num ponto onde a alimentação eléctrica está próxima e os acessos aos pontos de medição são convenientes. Os registos foram pré-processados no terreno para verificar a qualidade das medições.

Os dados recolhidos no terreno foram verificados quanto à sua qualidade de medição e processados com métodos diferentes para cada configuração separadamente e para todas as configurações combinadas. Devido à baixa excitação da estrutura, apenas os primeiros quatro modos globais da estrutura foram identificados com exatidão. As frequências obtidas pelas técnicas experimentais foram consistentes com os ensaios preliminares de identificação dinâmica.

Ensaios experimentais

Para além das vantagens do método, é necessário ter muito cuidado nos testes de campo para evitar a perda de dados. Durante as experiências, foram enfrentados alguns problemas esperados e inesperados. Esses problemas são enumerados a seguir, com o objetivo de apresentar recomendações;

- Antes de iniciar um ensaio dinâmico numa estrutura, deve ser construído um modelo numérico para estimar os valores de frequência e as formas próprias. Este modelo numérico levará o investigador a decidir o tipo de acelerómetro a utilizar, o local das DOFs a medir e até a comparar os primeiros resultados experimentais.

- O planeamento do ensaio deve ser decidido após uma visita ao local, a fim de ver as dificuldades de fixação dos acelerómetros e de verificar se o acesso é possível. Tendo em conta o comprimento dos cabos e o número de ligações utilizadas numa linha, a distância entre os DOF deve ser mínima. Embora não exista qualquer limitação para o comprimento dos cabos e para o número de ligações, deve ter-se em conta que os problemas frequentemente encontrados de ruído mas ausência de sinal têm origem sobretudo nas ligações.

- Quando o número de canais aumenta e a distância entre os DOF e o DAQ é elevada, os cabos têm de ser bem organizados. Para evitar ligações erradas dos cabos, aconselha-se a numeração perpétua dos cabos e a coordenação entre os trabalhadores no terreno deve ser clara e precisa.

- Cada medição deve ser acompanhada de notas sobre as condições ambientais e os eventos susceptíveis de ocorrer durante as medições. Se possível, devem ser registados os valores da temperatura, da humidade e da velocidade do vento.

- Os suportes dos acelerómetros devem ser devidamente verificados para evitar ruídos indesejáveis. Devido aos diferentes valores de sensibilidade de cada acelerómetro, todos eles devem ser marcados e deve ter-se o cuidado de indicar que acelerómetro está ligado a que canal, em que DOF e direção.

Atualização modal

O modelo numérico previamente construído foi modificado utilizando técnicas de modificação manual e algoritmos de otimização robustos. Devido à falta de tempo, não foi possível construir a parte que faltava do modelo. Foram efectuadas modificações nas propriedades elásticas homogéneas da alvenaria, nas propriedades elásticas do solo e nos parâmetros de rigidez dos elementos de interface que foram adicionados ao modelo para simular a parte em falta do modelo. Os danos observados na estrutura foram simulados através da atribuição de propriedades elásticas baixas nas regiões fissuradas. No entanto, não se registou qualquer contribuição positiva.

Embora os modelos iniciais tenham sofrido uma melhoria, para aumentar o desempenho do modelo devem ser consideradas as seguintes afirmações;

- Devido à ocorrência de danos significativos na fachada principal e a uma certa inclinação das torres, apenas metade da estrutura foi modelada. No entanto, para melhor simular a situação existente, devem ser acrescentadas ao modelo a parte do transepto e da abside da estrutura e espaços adicionais de um piso ao lado da nave.
- Considerando a largura das fissuras observadas na fachada principal e na varanda, espera-se que a resposta dinâmica da estrutura seja afetada. Para melhor simular as fissuras, é aconselhável a utilização de elementos de interface. Além disso, os pormenores arquitectónicos não foram considerados na parte da varanda onde existem arcos suportados por colunas de pedra delgadas. O aumento dos pormenores arquitectónicos e uma melhor definição das fendas podem conduzir a um modelo mais realista.
- Nesta análise, não foram modeladas as aberturas das torres, os sinos da torre norte e as coberturas. A cobertura de madeira da nave principal deverá ter um efeito significativo no comportamento dinâmico, principalmente devido ao seu efeito de rigidez lateral na estrutura. A modelação destes elementos deverá melhorar a resposta dinâmica realista do modelo numérico.
- O material de alvenaria é definido de forma homogénea em todo o modelo, mas, como foi salientado anteriormente, devido às fases de construção, foram utilizados diferentes materiais na estrutura. Essas alterações de materiais e as suas condições de apoio devem também ser introduzidas para melhorar os resultados.

BIBLIOGRAFIA

Chopra A. (2001). *Dynamics Of Structures,Theory and Applications to Earthquake Engineering* (2nd Edition b.), New Jersey Prentice-Hall.

Ewins D. (1984). *Modal Testing: Theory and Practise* . Chichester: Research Studies Press LTD.

Friswell M. I., Mottershead J.E., Ahmadian H. (2009). Atualização de modelos de elementos finitos utilizando dados de ensaios experimentais: parametrização e regularização. *Philosophical Transactions of The Royal Society A* , 168-186.

Allemang J. R. (2003). The Modal Assurance Criterion - Twenty Years of Use and Abuse (O Critério de Garantia Modal - Vinte Anos de Uso e Abuso). *Sound and Vibration* , 14-21.

Merluzzi N., Lee H., Suganya K., Wan I.M. (2007). *Relatório do projeto integrado da Igreja de S. Torcato.* Guimarães, Portugal: Universidade do Minho.

Mottershead J. E., Friswell, M. I. (1993). Modal Updating in Structural Dynamics : A Survey. *Journal of Sound and Vibration* , 347-375.

Peeters B., De Roeck G. (2001). Stochastic System Identification for Operational Modal Analysis:A Review. *Journal of Dynamic Systems, Measurement, and Control* , 659-667.

Ramos L.F., Aguilar R. (2007). *Identificação Dinâmica da Igreja de S. Torcato: Ensaios Preliminares.* Guimaraes, Portugal: Universidade do Minho.

Ramos L. F. (2007). *Identificação de Danos em Estruturas de Alvenaria com Base em Assinaturas de Vibrações.* Guimarães: Universidade do Minho.

Clough R.W., Penzien J. (1995). *Dynamics of Structures.* Berkeley: Computers & Structures, Inc.

Rodrigues J., Brincker. R., Andersen P. (2001). Melhoria da identificação modal só de saída no domínio da frequência a partir da aplicação da técnica de decréscimo aleatório.

Brincker R., Zhang L, Andersen P. (2000). Output-only Modal Analysis by Frequency Domain Decomposition. *Actas da ISMA25 Volume 2*

DOUGLAS, B.M., REID, W.H. (1982). Ensaios dinâmicos e identificação de sistemas de pontes, Journal Struct. Div., ASCE,108, 2295-2312

TNO (2008), "DIsplacement method ANAlyser", versão 9.3, Cd-Rom, Países Baixos.

GAMS, D.C. (2002); "The General Algebraic Modeling System", Cd-Rom, EUA.

ARTeMIS (2009), "Structural Vibration Solutions A/S", Cd-Rom, Dinamarca

MATLAB (2007), "A linguagem da computação técnica" , Cd-Rom, EUA

P. B. Lourengo, L. Ramos "Investigação sobre as patologias do Santuário de São Torcato",

Departamento de Engenharia Civil, Universidade do Minho, 1999.

Printed by Books on Demand GmbH, Norderstedt / Germany